U0277428

数 字
孪生城市

虚实融合开启智慧之门

高艳丽 陈才 等著

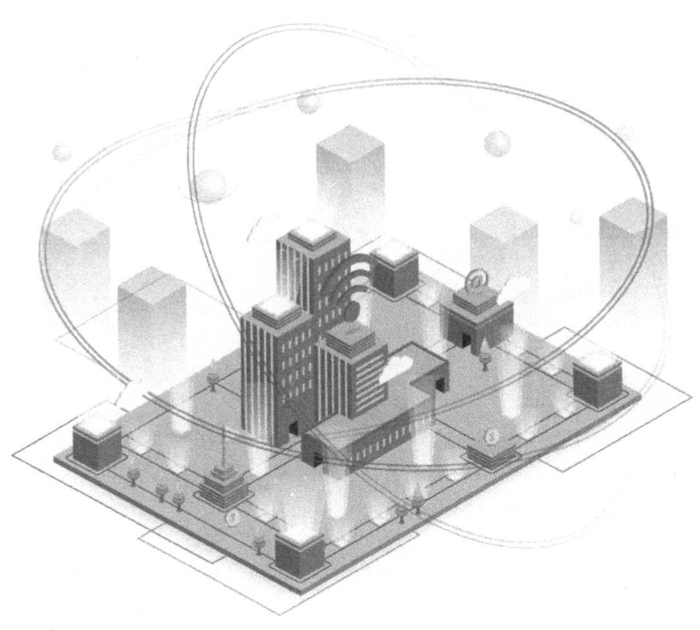

人民邮电出版社

北京

图书在版编目（CIP）数据

数字孪生城市 ：虚实融合开启智慧之门 / 高艳丽等著. -- 北京 ：人民邮电出版社，2019.11（2021.2重印）
ISBN 978-7-115-51788-3

Ⅰ. ①数… Ⅱ. ①高… Ⅲ. ①数字技术－应用－城市建设－研究 Ⅳ. ①TU984-39

中国版本图书馆CIP数据核字(2019)第167793号

内 容 提 要

本书介绍了数字孪生城市出现的背景，对数字孪生城市的核心内涵、总体架构、五大典型特征、八大技术要素等进行了深入探讨，详细分析了在城市规划、建设、治理、交通、制造、应急、文旅、医疗、教育等重点领域下数字孪生城市的应用场景，展望了数字孪生城市未来发展的机遇与挑战。

本书内容翔实，前瞻有趣，可供公务员、科研人员、规划咨询师、高校教师、在校学生以及对数字孪生城市感兴趣的各类读者参考阅读。

◆ 著　　　高艳丽　陈　才　等
责任编辑　赵　娟
责任印制　彭志环

◆ 人民邮电出版社出版发行　　北京市丰台区成寿寺路11号
邮编　100164　　电子邮件　315@ptpress.com.cn
网址　http://www.ptpress.com.cn
北京虎彩文化传播有限公司印刷

◆ 开本：700×1000　1/16
印张：16　　　　2019年11月第1版
字数：196千字　　2021年2月北京第6次印刷

定价：78.00元

读者服务热线：(010)81055493　印装质量热线：(010)81055316
反盗版热线：(010)81055315
广告经营许可证：京东市监广登字20170147号

编写指导

刘　多　何桂立　胡坚波　徐志发

编写组

高艳丽　陈　才

张育雄　崔　颖

刘小林　夏　磊

张竞涛　王　瑜

王　岩　王　潇

数字孪生城市是智慧城市建设新方向

在过去的工业化时代，城市建设主要考虑物理空间，如有多少土地、自然资源等，以及社会空间，如承载人口、产业结构等。在如今的信息化时代，现代化城市要融合利用3个空间、3种资源，即物理空间、社会空间和数字空间，以及物质资源、人力资源和数据资源。智慧城市是以此理念创新引领城市发展的新模式。

自2008年“智慧城市”概念引入以来，在国家战略的指引下，智慧城市进入全面建设阶段。据不完全统计，我国提出新型智慧城市规划建设的地市级及以上城市超过500个，100%的副省级以上城市、89%的地级及以上城市和47%的县级城市正在建设新型智慧城市。各地智慧城市建设在提升城市管理效能和改善公共服务质量等方面虽然取得了一定的成效，但总体来看还有许多困惑，例如公众体验不够好、城市管理不够精细、数字转型路径不够清晰等。

“数字孪生城市”的概念正是在这样的背景下提出的，它为新型智慧城市建设提供了一种新思路，在一定程度上可以解决智慧城市面临的路径瓶颈。

中国信息通信研究院智慧城市团队在长期从事智慧城市顶层设计研究

和地方实施实践的基础上，提出了以数字孪生城市推进智慧城市建设的新思路，受到了产业界和地方城市的高度认可。数字城市与物理城市两个世界精准映射、孪生并行，在数字城市模型上加载全量数据资源，实现数据驱动下的全景可视化和动态高效管理。决策和方案在虚拟世界仿真，在现实世界执行，以虚拟服务现实。数字孪生城市具有更敏锐的城市脉搏感知能力、更全面的数据融合能力、更透彻的城市运行规律洞察能力、更强大的预测仿真推演能力，未来将形成虚实协同、深度学习、自我优化、内生发展的高度智能化的城市发展新形态。

本书从历史沿革、概念解析、技术要素、应用场景、未来展望几个方面对数字孪生城市进行了系统阐述。希望本书的出版能对各界深入认识和理解数字孪生城市有所帮助，对各地开展新型智慧城市建设有所帮助。技术创新永无止境，数字孪生城市可谓智慧城市建设发展的新起点。

虚实融合打开智慧之门，超级智能的愿景即将呈现，让我们拭目以待。

中国互联网协会副理事长、国家信息化专家咨询委员会委员

高新民

2019年7月

前言

当前，以物联网、大数据、人工智能等新技术为代表的数字浪潮席卷全球，技术拼图基本形成，集成创新出现拐点，数字孪生技术应运而生。万物皆可孪生，物理世界和与之对应的数字世界正在形成两大体系平行发展、相互作用的格局。数字世界为了服务物理世界而存在，物理世界因为数字世界变得高效有序。从人体到建筑，从工厂到城市，越是复杂的系统，越需要构建数字孪生体。建设在数字世界仿真、在物理世界执行，虚实融合、智能迭代的数字孪生城市，机遇前所未有，挑战也前所未有。

从狭义看，数字孪生城市是数字孪生的理念和技术在城市范围内的应用，是基于复杂综合技术体系构建的物理城市的数字孪生体。从广义看，数字孪生城市是以虚拟服务现实、数据驱动治理为特征的未来城市智能化运行的先进模式，是吸引高端资源共同参与、持续迭代的城市级新技术试验场和创新平台，是物理维度上的实体城市和信息维度上的虚拟城市同生共存、虚实交融的城市未来发展形态，是技术演进与机制创新双轮驱动下新型智慧城市建设发展的一种新理念、新途径、新思路，也是重塑城市现代化治理体系和治理能力的重要载体。

从技术的角度看，数字孪生因感知控制技术而起，因综合技术集成创新而兴。数字孪生城市综合集成了数字标识、网络连接、普惠计算、智能控制、平台服务等信息通信技术，并且深度融合新型测绘技术、地理信息技术、3D 建模技术、仿真推演技术等行业技术，形成了综合型技术赋能体系。通过在数字空间再造一个与物理城市匹配对应的数字城市，实现城市全要素数字化和虚拟化、全状态实时化和可视化、运行管理协同化和智能化，实现物理城市与数字城市虚实交互、平行运转。

从建设的重点看，多源数据融合可视化的城市信息模型是核心，全域部署的智能设施和感知体系是前提，支撑虚实交互毫秒级响应的极速网络是保障，实现虚实融合智能操控的城市大脑是重点。其本质是通过数据全域标识、状态精准感知、数据实时分析、模型科学决策、智能精准执行，构建城市级数据闭环赋能体系，实现城市的模拟、监控、诊断、预测和控制，解决城市规划、建设、运行、管理、服务的复杂性和不确定性。

从价值和作用看，数字孪生城市作为新时代智慧城市创新理念的前瞻性实践，对于促进城市治理模式升级、提高政务服务和民生服务的效率及质量、提升政府的执政能力和现代化水平、创造安全优良的政治环境具有深远的历史意义和极其重要的现实意义。数字孪生城市作为新时代智慧城市创新理念的前瞻性实践，是未来城市不可或缺的关键基础设施，是推动城市信息化由量变走向质变的里程碑。

2017 年，中国信息通信研究院智慧城市团队在长期从事智慧城市基础理论研究和顶层设计实践的基础上，提出“以数字孪生城市推进新型智慧城市建设”的创新理念，在业内引起强烈反响。为推动“数字孪生城市”的落地实施，中国信息通信研究院联合业内多家知名企业，围绕数字孪生城市的理念内涵、技术方案与实施路径开展了深入研究。本书采用了部分研究成果以及合作单位提供的素材，在此向所有合作伙伴致以衷心的感谢，向参与研究以及提供各种支持的所有专家、学者表示衷心的感谢！

本书的出版，旨在系统诠释数字孪生城市的概念内涵、技术组成要素和应用前景，为智慧城市相关的产业提供借鉴和参考，为各地智慧城市建设提供一种新思路、新模式、新途径。由于数字孪生城市从理念到技术属于全面创新，挑战巨大，作者水平有限，力有不逮，书中错漏之处在所难免，望业界同仁不吝批评指正。

第一篇　历史沿革

第一章　兴起之源：承载财富和文明的城市

第二章　数字浪潮：信息技术不断提升城市功能

第三章　智慧城市：城市发展高阶形态

第二篇 概念内涵

第四章 什么是数字孪生城市

第五章 数字孪生城市的五大典型特征

第六章　数字孪生城市的技术要素

第三篇　应用方向

第七章　城市规划：通过实时仿真少走弯路不留遗憾

第八章　城市建设：变得像搭积木一样简单

第九章　城市治理：像绣花一样精细的城市治理

第一篇　历史沿革

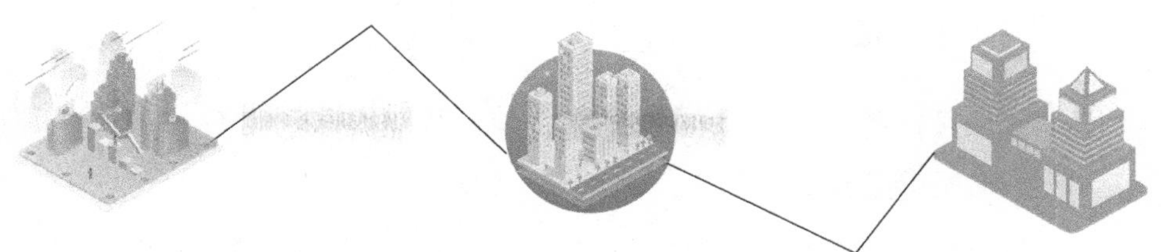

第一章
Chapter I

兴起之源：承载财富和文明的城市

城市起源于人类定居的需要。人类早期逐水草而生，居无定所；进入农业文明时代之后，人类以耕种土地为生，从而定居。而定居人群较为集中的地方，就是城市。

过去几千年的人类文明史，也是人口不断向城市集中的历史。伴随着人口不断从广袤的农村向城市集中，各类城市不断发展；如果人口流动减缓或停止，城市化进程就会变得缓慢甚至停滞。根据联合国的报告，1955年至2016年，世界处于急速城市化时期，期间超过一半的人口选择迁移到城市和城镇居住。截至2014年年底，全球已有54%的人口居住在城市。与此同时，城市规模变化显著，世界上人口最多的城市也随之发生改变；1955年，全球只有两个城市的人口数量超过千万；到2016年年底，人口数量超过2000万的城市已经达到9个。

城市的经济、人口集聚带来了更多的产业机会，城市越大，越呈现多元化的特性。因此，从经济学的角度看，城市规模越大越好：**一方面，人口高度集聚，单位面积的能量利用效率越高，孕育出的社会分工越有效；另一方面，城市越大，越具有包容性，不同层次、不同地域的人们可以在城市中找到合适的位置，满足个体的发展需要。**

但同时，城市的日益庞大也将带来一系列始料未及的问题。例如，治安环境与犯罪率可能随着人口规模的扩大而成倍增长；又如，由于交通拥堵、空气污染等问题造成的各类“大城市病”。

以信息技术为代表的新一轮科技革命正在为城市的发展注入新的动能与活力，带来无限的遐想空间。因此，对城市规模的界定，不能用简单的行政手段对人口、资源进行限制调配，而需要通过技术创新、机制革新等方式，赋能城市发展，优化城市资源配置，找到一条强科技时代下的城市智慧发展之路。

城邦对人类的天然吸引力

城市对人而言是亲切且富有持续吸引力的——尽管有时它表现得有些冰冷——但作为人类聚落的最高形式，它始终是我们的庇护所。

人类为何喜欢集中定居于城市？多种原因形成了城市的吸引力。例如，从军事上看，集聚于城市中的人们可以形成更大的合力，集体防御外来侵略；从市场角度看，人口的规模就是市场的容量，人口的密度就是市场的强度。因此，人口集聚的城市，有利于商品交换互市贸易，并在更大的范围内形成分工协作，规模化制造商品。

目前的考古发现证明，人类最早的城市起始于公元前 3500 年两河流域中下游时代的苏美尔文化时期，有尼普尔城和巴比伦城，但这些城市早已湮灭于历史的尘埃中。早期遗留下来的城市包括古希腊于地中海沿岸建起的特洛伊、叙拉古、斯巴达、雅典等，罗马帝国时期出现了一批围绕着军事要塞形成的政治城市。

中国考古发掘证明的最早的城市在河南洛阳偃师二里头，年代约为公元前 2100 至前 1700 年。而中国比较有名的古城包括古时的杭州、扬州等。

集聚与分散下的城市化浪潮

城市化的快速发展，集聚与分散成为塑造城市、城市群的两股最重要的驱动力量。

一方面，伴随着城市工业和科学技术的高速发展，人口、资本、技术等创新要素以最快的速度向超大城市和大城市周边地区集聚。因此，由于大城市具有产业、资金、人口的集聚效应，而且人口的集聚会产生更多的创新与思想，所以人口流动会自然地形成两极分化，即大城市流入人口和农村、小城镇流出人口。

1950年，全球居住在城市里的居民只有7.51亿人，不到全球人口的三分之一。只有两个城市（纽约和东京）的居民人口数量超过1000万。现如今，55%的人口——42亿的都市人居住在城市里。而到了下一代，这个比例将上升到68%，25亿人口将变为拥挤的城市的一部分。到2030年，超过1000万人口的超大城市数量将超过40个。①

另一方面，伴随着城市规模的扩大、城市病的出现，以及城郊之间高速发展的轨道交通，城市的向心力减弱，转而向相对分散、地广人稀的郊区发展。城市高收入阶层、部分中产阶层也从中心区外迁，带动现代制造业的郊区化布局以及服务业的外溢，城市周边的新城、新区、中小城市群大量涌现。

在城市集聚和城市分散两股力量的驱动下，全球经历了三次大的城市化浪潮：第一次城市化浪潮是由英、德、法等欧洲国家发起的；第二次城市化浪潮是由美国、加拿大等北美国家掀起的；第三次城市化浪潮则是以中国、东南亚的发展中国家为代表发起的，其特点在于人口集聚快速爆发，形成历史性进程。城镇化率从20%提高到50%的过程，英、法均经

---

① 刘欢. 城市化的中国速度[J]. 英才，2016（12）：22-22.

历了 100 多年，日本、美国也分别经历了 30 年、40 年。中国虽然地域广阔、人口众多，但城市化爆发力空前高速，以其独有速度用 20 余年完成了发达国家几十年的进程。

巨型城、城市群成为城市化的重要载体

全球化的发展促进了信息及资本的流动，城市规模不断扩大，甚至出现了超大规模的城市，巨型城市、城市群、都市圈已成为全球经济竞争的重要空间单元。

纽约、伦敦、东京、首尔等超大型发达城市，已经跻身为全球经济、贸易、金融中心。在经济全球化、社会信息化背景下，城市发展的巨型化趋势不减反增。例如，中国、日本、印度、俄罗斯、美国、巴西、墨西哥、阿根廷等国家的大型城市均呈现马太效应，日益虹吸全国人口。联合国经济和社会理事会相关报告指出，未来将会有更多的城市人口居住在人口数量 500 万以上的城市。到 2025 年，人口规模超千万的城市可能上升到 27 个。

城市群、都市圈是指由起核心作用的一个中心城市或几个大城市对周边更大范围、更多中小城市辐射，形成核心城市与周边城市紧密联系的城市经济区域。在大多数情况下，城市群与都市圈存在交集，但也存在不同。例如，都市圈是实现大中小城市协调发展的重要空间平台，其核心城市是经济与人口集聚力超强的大都市，以半小时或 1 小时交通出行圈为半径，形成由超大城市、中等城市、小城镇组成的大中小协同空间体系。而城市群大多以行政中心城市或省会城市为核心，区域范围更大，反映了不同城

市间的空间关系。[②]

世界各国对大城市区、城市群、都市圈的管理进行了许多探索。二十世纪七八十年代，英国在大城市区的范围内新建立了一个管理机构，相当于新建了一个管理层级，如大伦敦区议会，形成地方城市政府自治与大都市联合管理结构的双重机构，到20世纪90年代又撤销了大城市区的管理机构，改设协调性机构。这些机构的主要功能是增加信息交流和沟通，提高城市区域管理的高效化与透明化。

科技助力城市向更高、更深空间拓展

面对全球可建设面积紧缺、人口数量激增、环境日益恶化等局面，“收缩城市”“精明发展”成为城市学者、规划师研究的热点。在信息技术、新材料、新能源等科技的赋能加持下，城市正向高空、深海等更垂直的空间拓展，形成三维立体的发展新空间。

传统城市规划将居民的住宿、生产、生活、娱乐等活动空间进行扁平化设计，城市呈现“摊大饼”的横向发展趋势。而未来“垂直城市”将会形成一系列独立的垂直体系。例如，“微垂直城市”收集的太阳能、风能、生物能可直接供应纵向垂直的交通需求，以垂直社区为单位实现居民自种、自足，或依托不同社区的比较优势进行跨层级、跨社区资源的等价交换。“垂直城市”不仅在每层有公共中心，并且到一定层数会形成更高级别的公共中心。其活力中心、城市地标的形成与扁平城市不

② 彭劲松. 大都市圈的形成机制及我国都市圈的构建方略[J]. 城市，2007（12）：22-25.

同的是，其开枝散叶般地依附在主体城市建筑上。城市的天际线不仅分层分布，还可构成“城市建筑”的外围体量。伦敦城市农舍如图 1-1 所示。

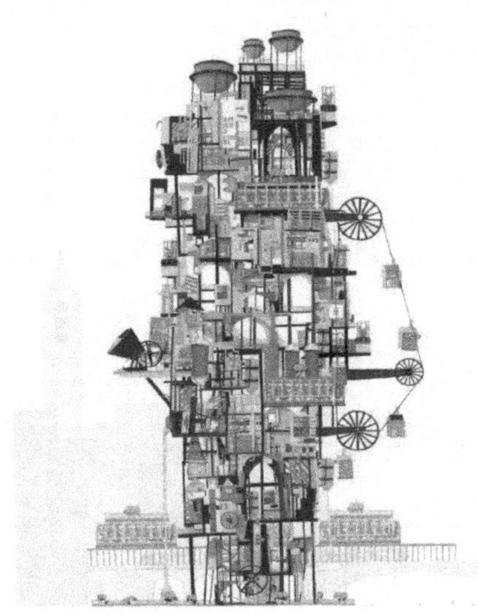

图片来源：Dezeen

图 1-1 伦敦城市农舍

墨西哥老城新增建筑空间捉襟见肘，而且在规定限制建筑物高度的地方，建筑物高度均不能超过 8 层。因此，城市设计师别出心裁地设计了一个倒金字塔的地下城“Zocalo”，其塔深 300 米，地下超过 70 层，可容纳约 10 万人，如图 1-2 所示。Zocalo 将建在墨西哥城的主广场下方，在其顶部设计有 240 米 × 240 米的透明玻璃天幕，自然光、自然风由此投射进来，辅以人工照明、空气循环流通、高速物流传送等技术，地下空间也能保持相应的舒适度。金字塔每隔 10 层就有一个花园，供居民休息娱乐；靠近地面的 10 层包括文化博物馆、艺术长廊；接下来的 10 层属于零售和生活空间；其他楼层用于居住、办公、商务交流等。

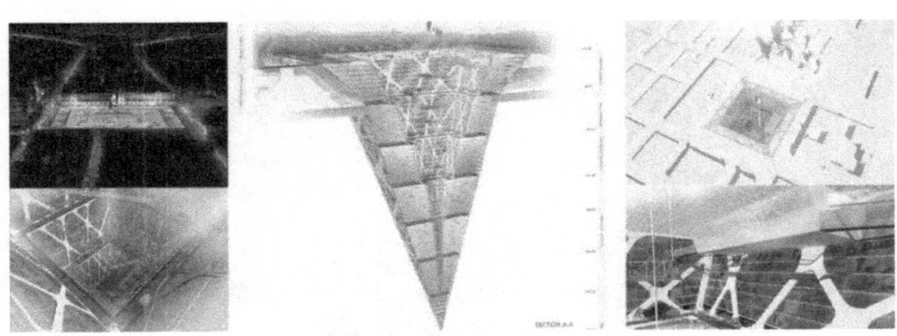

图 1-2　墨西哥城市倒金字塔的未来设计

除了向地下要空间，向海洋横向拓展也被提上议事日程。例如，联合国人居署正与企业 Oceanix、麻省理工学院（MIT）和专业的探险家俱乐部共同合作，提出全球首个可自给自足的漂浮社区，构建一个能引导水、电、食物和废弃物循环流动的人造生态系统，如图 1-3 所示。随着时间的推移，海洋漂浮建筑与社区将会日益增长。这些漂浮建筑可以抵挡五级飓风，首尾相连，形成模块化、区域化、可拼接的海洋社区，并从百人居住的小众社区，逐步转变为上万人居住的海上都市，为人们营造一个繁荣的海上家园。

图片来源：Bjarke Ingels 事务所

图 1-3　Oceanix 漂浮城市

数据成为城市战略资源并形成替代效应

当前，数据利用能力是人类社会进步的崭新标志，而数据资源的多寡、利用水平的高低、配置能力的强弱，将成为城市的核心竞争力。数据正对传统的土地、资金、能源等资源形成替代效应，成为城市最关键的资源和资产。

从产业上看，城市对数据资源的充分开发利用将催生数据财政。通过规范界定城市数据资源的采集权、管理权、使用权、分享权、收益权等，推动城市数据资源转化为城市数据资产。在规划、管理、建设、运营等多种场景下，城市的有效运营将形成变现能力。城市将向数据资源要效率，释放数据红利，推动城市迈向数据财政时代。

在传统的土地财政政策下，地方政府通过出让土地获得收入，净收益部分主要投向了城市基础设施建设和拆迁补偿，进而推动城市化的进程。不过，随着城市化的进一步提速，在城市土地资源有限的情况下，这种模式难以为继：一方面，征地、拆迁费等成本补偿性支出日益增高；另一方面，“摊大饼”似的城市发展催生了“新城”变“鬼城”，甚至很多城市产生了大量房地产泡沫，影响了区域经济的协调发展。

现在，通过运用数据新资源，促进城市大数据与各行业、领域深度融合，推动数字经济发展，以产业数字化、数字产业化和治理协同化提升城市财政收入，支撑和维持地方财政支出，实现城市经济快速增长。

从治理上看，数据资源丰富了城市的刻画维度，实时呈现了城市风貌与状态，沉淀了城市的鲜活历史。城市管理者可以合理有效地利用丰富、海量的城市数据资源，依托“政、企、学、研”等多方力量共建、共享、共治数据资源体系，形成“依数据度量、靠数据说话、用数据决策”的数据驱动城市发展的方式，大幅优化城市的物质资源、智力资源和信息资源，改造并提升传统城市的资源配置、供需匹配、规划建设能力，进而形成城市发展的强大内在动能。

从服务上看，随着物联网、数字孪生等信息技术的广泛应用，城市的海量数据将倍增和持续积累，形成跨域汇聚、种类丰富、异构多元的城市数据资源体系，进而提高欠发达地区的直接和间接经济产出，为边远地区的人们带来种种改变，让他们能够以相对低廉的成本，获得教育、医疗、交易等必需的信息，得到与发达地区的人们类似的优质内容与服务。

信息科技带来城市时空压缩

戴维·哈维（David Harvey）提出了“时空压缩”的重要理论。该理论主要指由于科学技术，特别是交通与信息技术的发展，人类完成或参与一件事情的时间、空间以及心理时间、心理空间代价不断缩小。[③] 这个理论，在城市范畴内也正被实践所证明。

建立在现代工业文明基础上的城市，是大规模标准化生产模式下的人力、经济集聚。严格化的城市功能分区，体现出现代大工业体系内部严密而规整的分工格局。随着新一代信息技术和人工智能技术的加速发展，虚拟世界的作用力不断增强，大数据的驱动力日益强大，城市也进入了“时

③ 刁生富，姜德峰.“时空压缩”下的新时代智慧城市建设[J]. 中国统计，2018，437（5）：27-28.

空压缩”的强化阶段。未来城市的时间空间的特征变化，也必然反映出智能时代生产范式革命的变迁，为城市居民提供更多创造性生产活动和品质性生活消费。

在时间方面，从中小城镇到超大型城市，随着信息技术的普及应用，身处城市中的居民对时间的感知度日益敏感，心理时间也都全面变小、变短。不论是老、中、青哪个年龄段的人，大家似乎都感觉时间不够用，难以体会悠闲时光，深刻地感受到时间节奏的飞速加快和“地球村”的不断“缩小”。

此外，城市中的公众对公共服务的便捷化、个性化、移动化等需求变得越来越高，对城市中各类服务的响应、反馈、实时互动等方面的需求日益强烈，对公共服务的参与感、共享感、体验感等越来越重视，城市原有的传统政务服务、公共服务模式已经很难适应公众的需求。而基于互联网、云计算、人工智能等新技术的基础公共服务和个性高端服务开始普及，“一次不用跑”“秒办”等新型政府服务极大地节约了市民在城市各部门间往返及办理业务的时间。在线提前下单、入店直接享受美味的模式在很多城市的快餐厅开始普及。在线学习无须下载、等待，随时随地可快速习得最新的学习内容，让身处欠发达地区的孩子也可获取一线甚至国际一流的教育资源。城市正利用信息技术释放发展红利，换时间开销，创造出更便捷、更舒心的生活体验。

在空间方面，信息技术弱化了物理空间阻隔，未来城市将更具空间弹性，形成更为松散、分布的资源模式，为城市功能复合创新提供各种可能，严格分区的城市空间将孕育孵化出生产、生活各类新功能，提升城市新能级。马努埃尔·卡斯特拉（Manuel Castella）在《信息化城市》中指出："在信息时代，传统的城市空间将逐渐被信息空间取代，信息通信技术造就的信息流动空间将社会文化规范形式和整个物理空间进行区分并重新组合，进而形成了一个新的'二元化城市'。"

城市资源从集中式走向分布式：信息网络技术使曾经必须面对面开展的活动变得更加便捷，大家可以通过高清视频、网真现实、虚拟交互等方式深度沟通，形成更大范围的协作网络；地球也日益变平，成为"地球村"；而传统的所谓的黄金码头地段法则，也逐渐失效；由于互联网的宣传，藏在城市犄角旮旯的非品牌小店，可能摇身一变成为线上"网红打卡地"，人们也许会为了网红美食遍历城市，扫过街道，钻入最深的街巷，排起长长的队伍，品尝城市精品小店的味道。

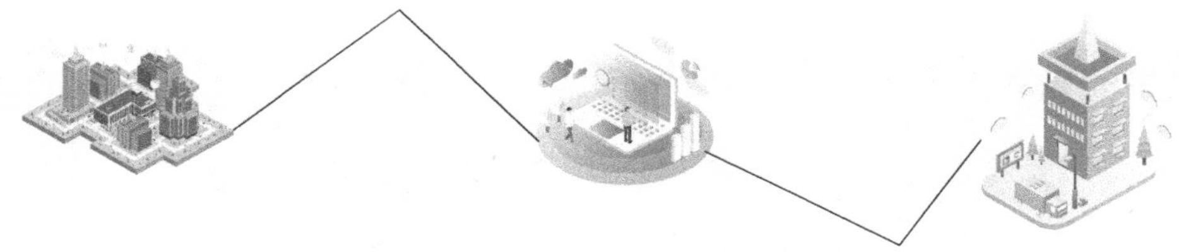

第二章 Chapter 2

数字浪潮：信息技术不断提升城市功能

传统单点突破的信息技术进入簇群迸发爆发期

当前，正是全球新一轮信息科技革命和产业变革从单点突破、蓄势待发到群体迸发、集群发展的关键时期。科技作家凯文·凯利（Kevin Kelly）认为："未来在其初期可能发展得非常缓慢，之后便爆发式增长、超高速发展。"信息革命进程持续快速演进，5G、物联网、云计算、大数据、人工智能、区块链等技术广泛渗透于城市经济社会的各个领域，正推动数字孪生等领域的技术不断取得重大突破。随着时间缓慢出现的规模化变革很容易被忽视，但实际上在一个快速创新的世界中，技术簇群的缓慢变化与集成创新往往会带来极大的变革。

以5G为代表的网络创新构筑"数字大动脉"

无论是云计算、大数据、物联网等技术，还是自动驾驶、编队行驶、车辆生命周期维护、传感器数据众包等，都需要安全、可靠、低时迟和高带宽的连接，这些连接特性在高速公路和密集城市中是至关重要的。而宽带网络的持续创新，5G 等移动通信技术的快速发展，正日益发挥其战略性、基础性、先导性作用，成为当前和今后一段时期推进发展方式转变、促进经济结构优化、加快增长动力转换、塑造国际竞争优势的关键战略基石。

移动通信保持着每十年出现新一代系统的规律，移动通信技术的代际跃迁使系统性能呈现指数级提升。与前几代移动网络相比，5G 网络在连接速率、实时可靠性、网络容量三大方面将有质的飞跃，给我们带来的是至少 10 倍于 4G 的峰值速率，超越光纤的传输能力，毫秒级的传输时延，超越工业总线的实时能力以及千亿级连接提供的全空间广泛连接能力，它们一起推动数字化浪潮进入“信息随心至、万物触手及”的新时代。

根据国际电信联盟（ITU）对 5G 的场景定位，未来将形成三类重要的基础场景，分别是增强移动宽带通信（eMBB）、超可靠低时延通信（uRLLC）和海量机器类通信（mMTC），如图 2-1 所示。

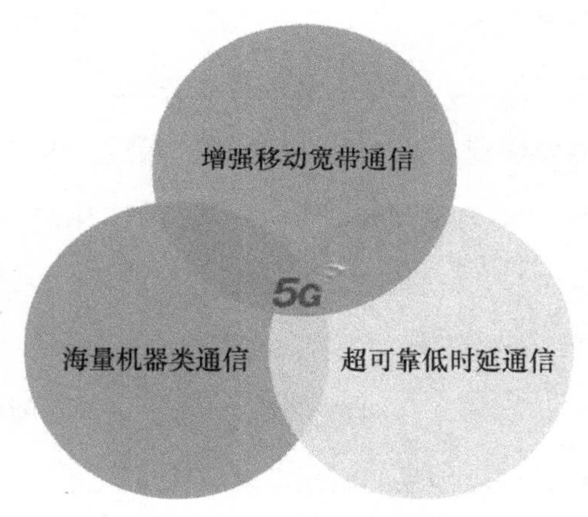

图 2-1　5G 的三类典型场景

一是增强移动宽带通信。移动通信历经 5 代：从 1G 到 2G，移动通信技术完成了从模拟到数字的转变，扩展支持低速数据业务；从 2G 到 3G，数据传输峰值速率在 2Mbit/s 至数十 Mbit/s，支持视频电话等移动多媒体业务；从 3G 到 4G，传输能力又提升了一个数量级，峰值速率可在 100Mbit/s 至 1Gbit/s；从 4G 到 5G，与 4G 技术相比较，5G 将以一种全新的网络架构，提供峰值 10Gbit/s 以上的带宽、毫秒级时延和超高密度连接，下行峰值数据的速率可达 20Gbit/s，而上行峰值数据的速率可能超过

10Gbit/s。

二是超可靠低时延通信。5G 将大大降低时延并提高整体网络的效率，优化后的 5G 网络架构将提供小于 5ms 的端到端时迟。而使用 4G LTE 则会被时迟至 50ms 或者更长时间。包括自动驾驶、虚拟现实（VR）、增强现实（AR）以及移动工业控制与视检等在内的技术均高度依赖低时延、高可靠的 5G 网络。在未来的 10 年中，家庭和办公室对桌面主机和笔记本计算机的需求将越来越小，基于云端计算和服务的各种人机交互界面将成为主流。显而易见的是，5G 将显著改善这些云服务的访问速率。

三是海量机器类通信。尤其是在上网需求强烈的热点地区，海量机器集中连接，网速卡顿将成为历史。可以想象，在 CBD 核心商务区、演唱会现场等人流密集区域，目前 4G 网络已经需要现场应急通信车扩容接续，确保网络拥塞有序。假如现场的所有桌子、椅子、电器、市政设施都要连接上网，则原有网络必然非常拥塞。而 5G 网络能更好地提供大容量、密集上网的服务，满足热点地区的联网需求。初步测算，1 平方千米内可连接的设备将达到百万级，是 4G 网络的 10 倍。

物联网赋能万物让永恒在线成为可能

物联网技术的出现以及产业配套的逐渐成熟，推动信息产业从移动互联网时代步入万物互联时代，从 70 亿级消费终端的连接拓展至超千亿级的物物连接新时代。物联网是新一代信息技术的高度集成和综合应用，蕴含着巨大的产业增长潜力和创新空间。

物联网起源很早。1995 年比尔·盖茨（Bill Gates）出版的《未来之路》

提出了万物互联的愿景。1998 年，麻省理工学院（MIT）提出了当时被称作 EPC 系统的物联网构想。1999 年前后，基于无线射频识别（RFID）技术的物联网从概念逐步进入业界。2005 年，国际电信联盟（ITU）发布了《互联网报告 2005：物联网》，指出“物联网”时代的来临。2008 年，伴随着新一代信息技术的集中爆发，物联网终端、网络、平台等各环节、层面均已完善就绪，产业界、政府等将物联网视为重大战略性新兴产业，智慧地球、感知中国等理念和实践与物联网技术产业的蓬勃发展息息相关。

一方面，物联网是新一轮数字化浪潮的先导技术产业，也是构建数字孪生城市的核心技术支撑。物联网涵盖中低速连接（低功耗广域物联网，LPWAN）和中高速连接（以 5G 为代表的移动物联网）。其中，根据 LPWAN 应用频率的不同，分为授权频段内的 LPWAN 和非授权频段的 LPNAN。授权频段内的 LPWAN 的典型代表是 NB-IoT，可以软件配置的方式叠加运行在运营商现有的 LTE 频段内，甚至是 2G 频段。而它的峰值速率可达 1Mbit/s，覆盖范围广，可以达到几千米。另一类是非授权频段的 LPWAN，典型代表为 LoRa。LoRa 的部署更为简单，成本比 NB-IoT 更低，但它的峰值速率也低，不高于 50kbit/s，覆盖范围一般在 2 千米以内，更适合在工厂、厂房等相对封闭的空间部署。

另一方面，物联网已经成为智能时代的新型基础设施。中央经济工作会议明确指出，要加强物联网等新型基础设施建设。据统计，2018 年我国物联网的连接数已超过 7.6 亿个。ITU（国际电信联盟）、思科、Intel（英特尔）等多个机构预计，2020 年全球联网设备在 200 亿～500 亿个，2025 年有望达到 1000 亿个。

当前，物联网已形成三类应用场景。**一是生产型物联网场景，**制造业是物联网的重要应用领域，物联网技术将有效提升企业研发、采购、制造、管理、服务、物流等环节对数据的开发利用能力，以信息物理系统（CPS）为代表的物联网技术将全面推动制造业的数字化、网络化、智能化、服务化转型。**二是消费型物联网场景，**基于物联设施的车联网、健康、家居、智能硬件、可穿戴设备等消费市场的需求更加活跃，物联网和其他前沿技术持续融合，推动自动驾驶、智能机器人等技术不断取得突破，形成消费领域基于感知数据、实时监测的智能化应用新模式。**三是智慧城市类场景，**当前智慧城市建设成为全球热点，数字孪生城市成为智慧城市未来发展的新方向，物联网将显著增强城市运行状态的感知能力，极大地丰富城市管理手段，促进服务在时间和空间上的延伸，为实现智慧城市的“自动感知、快速反应、科学决策”提供关键技术支撑，也将进一步为打造数字孪生城市、推动物理世界与数字世界的全面映射、融合互动奠定坚实的基础。

人工智能构筑新时代数字生产力

人工智能已经从早期的模仿人类、单一的单机智能转变为数据驱动、基于网络协同的系统。人工智能将成为未来智能时代最重要的数字生产力，嵌入各行各业。基于赋能与决策分析，人工智能正构成数字孪生城市信息中枢的智能引擎，为数字孪生城市建设、运行过程中的诊断、预测、仿真、决策提供核心支撑。

当今社会，各行各业都在把握数字化、网络化、智能化融合发展的新契机，以信息化、智能化为杠杆培育新动能，互联网发展进入了从“人人互联”向“万物互联”转变跨越的新阶段。基于人工智能技术的普惠赋能，未来一定是“智能定义一切”的时代，人工智能技术将成为新时代最重要的核心生产力。

纵观历史，人工智能技术历经三次发展高潮。1956 年达特茅斯会议上，以明斯基、西蒙等科学家首先提出人工智能概念，会议指出人工智能的目标是“发明能够像人类一样利用知识去解决问题的机器”。人工智能成为计算机业界的共识，推动人工智能进入第一个发展高潮。20 世纪 70 年代末出现了专家系统，标志着人工智能从理论研究走向实际应用。20 世纪 80 年代到 90 年代，随着美国和日本立项支持人工智能研究，人工智能进入第二个发展高潮，期间人工智能相关的数学模型取得了一系列重大突破，如著名的多层神经网络、BP 反向传播算法等，算法模型的准确度和专家系统进一步提升。当前，人工智能处于第三个发展高潮，得益于算法、数据和算力 3 个方面的共同进展。2006 年加拿大 Hinton 教授提出了“深度学习”的概念，极大地发展了人工神经网络算法，提高了机器自学习的能力，随后以深度学习、强化学习为代表的算法研究的突破和算法模型的持续优化，极大地提升了人工智能应用的准确性，如语音识别、图像识别等。随着互联网和移动终端的普及，全球网络数据量急剧增加，海量数据为人工智能的发展提供了良好的土壤。

站在历史节点可以看到，AI 专用芯片、算法平台和特色数据成为构建人工智能生态体系的重要着力点。在芯片领域将逐步出现为特定场景定制的具备低功耗、低成本、高性能优势的专用芯片，算法芯片化、产品化也成为一种趋势。与互联网时代的地图服务类似，人工智能自然语言处理、计算机视觉等基础服务具有依赖数据更新不断迭代的特点，“数据＋平台”的云服务模式将逐渐深化，人工智能基础服务提供商不断积累数据，旨在提供更优质的服务。

而人工智能科技也不再是曲高和寡的“黑科技”，而是与政治、经济、社会、文化、军事等各领域充分融合而形成的通用目的性技术，人工智能的发展应用将有力提高经济社会发展的智能化水平，有效增强城市的公共服务和治理能力。

人工机器视觉、语音识别、智能控制等应用技术不断突破，创造出无人驾驶、智能机器人、智能制造、智慧能源等新产品和新方向，在政务、工业、农业、医疗、教育、社区等各类基于人工智能的行业应用与服务，正逐渐编织起新的产业网络，部署形成新的基础设施，提供新的思维模式和行事方法，帮助人类研判态势、预测趋势、辅助决策，推动信息化进入智能化发展的新阶段。

区块链构筑价值网络重塑生产关系

区块链并非横空出世的原创新技术，而是作为分布式数据存储、点对点传输、共识机制、加密算法、合约变成等技术的综合集成，具有防篡改、可溯源、定量计量、强制执行等特性，近年来已成为国际组织及许多国家政府、产业界研究讨论、探索实践的热点。

区块链技术提供了一种在不可信网络中进行信息传递与价值交换的可信通道。在典型的区块链系统中，各参与方按照事先约定的规则共同存储信息并达成共识。为了防止共识信息被篡改，系统以区块（Block）为单位存储数据，区块之间按照时间顺序、结合密码学算法构成链式（Chain）数据结构，通过共识机制选出记录节点，由该节点决定最新区块的数据，其他节点共同参与最新区块数据的验证、存储和维护，数据一经确认就难以删除和更改，只能进行授权查询操作。④

世界经济论坛调查报告预测，7 年后全球 GDP 总量的 10% 将基于区块链技术保存。韩国中央银行鼓励区块链技术，韩国证券交易所 Korea Exchange（KRX）正开发基于区块链技术的交易平台。澳大利亚在多领域积极探索区块链技术，澳大利亚邮政将区块链技术应用于身份识别。迪拜建立全球区块链委员会，并成立含思科、区块链初创公司、迪拜政府等 30 多名成员的联盟。2019 年，Facebook（脸书）推出雄心勃勃的 Libra 区块链数字货币，以期打造跨地域、跨国家的数字支付基础设施。

我国超前布局并积极探索基于区块链的行业应用。2018 年 5 月 28 日，习近平总书记在两院院士大会上的讲话中指出："进入 21 世纪以来，以人工智能、量子信息、移动通信、物联网、区块链为代表的新一代信息技术加速突破应用。"北京、上海、广东、河北（雄安）、江苏、山东、贵州、甘肃、海南等 24 个省市或地区发布了区块链政策及指导意见。

不过，区块链技术仍处于社会实验阶段，各方对区块链的概念、架构、技术特点、发展路线、治理与监管等尚未形成共识，跨链、隐私保护、安全监管等区块链关键技术也正成为研究热点。

---

④ 区块链白皮书（2018 年）. 中国信息通信研究院. 2018年9月。

云计算催生资源配置方式重大变革

云计算是实现信息技术能力按需供给、促进信息技术和数据资源充分利用的全新业态，是信息化发展的重大变革和必然趋势，正深度融合渗透至工业、金融、能源、交通、医疗、教育等众多行业领域，推动城市、国家经济社会向数字化、网络化、智能化方向升级。

云计算作为支撑新一代信息技术簇群的基础，是实现信息技术与实体经济融合发展的重要支撑。首先，云计算快速发展，为各行各业提供丰富的云工具和云服务，有效整合各类设计、生产和市场资源，促进产业链上下游的高效对接与协同创新，大幅降低建设投入成本和企业数字化转型升级的门槛，全面提升业务运营效率，广泛地服务于实体经济发展。其次，云计算推动了经济运行、社会服务、个人生活等各领域海量信息和数据的汇集，催生了各领域大数据的创新应用，增强了数字经济发展的数据驱动能力。最后，云计算已成为各地数字政府建设的关键载体，加速“互联网＋政务服务”发展，促进数字经济治理和服务体系不断优化。

从云计算产业发展来看，云计算作为大数据、物联网、人工智能等信息技术产业的基石，已从概念导入进入广泛普及、应用繁荣的新阶段，正加速形成以“云载万物”“智能融合”为突出特征的数字经济基础设施。在此背景下，云计算产业规模保持高速增长，亚马逊、微软、IBM、阿里巴巴等早已将云计算作为企业核心基础业务。相关机构预测，2020 年全球云计算的市场规模将达到 4110 亿美元，年均复合增长率超过 16%。云计算产业规模和服务能力持续提升，将带动信息产业不断壮大，对我国的数字经济发展将发挥更好的先导引领作用。

大数据提供认识和改造世界的新方法论

随着互联网的快速普及，信息技术和人类生产生活交汇融合，全球数据呈现爆发式增长、海量集聚的特点，大数据技术和思维对国家管理、经济发展、社会治理、人民生活都产生了重大影响。

从历史发展来看，大数据技术是在互联网快速发展中诞生的。2000 年前后为应对用户检索需求与网页爆发的新挑战，以谷歌为代表的互联网公司提出了以分布式为特征，涵盖大规模文件查询、存储、并行计算的全新技术体系，以较低的成本实现了之前技术无法达到的规模，奠定了大数据技术的基础。从资源特性来看，大数据是具有体量大、结构多样、时效性强等特征的数据。从处理架构来看，利用新型计算架构、智能算法等新技术成为大数据处理的必由之路。从大数据应用发展来看，既要强调以数据决策、数据驱动的新理念，又要强调在线闭环的业务流程优化，发现新的知识。

当前，大数据是信息化发展的新阶段，也是建设城市运营管理中心、城市决策枢纽的核心技术。例如，IBM 的城市智能运行中心 IOC、阿里巴巴的 ET 城市数据大脑、巴塞罗那的 CityOS 等已经取得积极进展。IBM 的 IOC 尝试整合信息，建立一个智能、互联的环境，促进相互协作，已经在城市运营、健康、交通等领域开展试点应用；阿里巴巴的 ET 城市数据大脑，通过收集城市海量的多源数据，进行实时处理与智能计算，已经应用于交通等领域；巴塞罗那的CityOS，定位于构建城市数据服务平台，为公民按需提供数据，支撑应用开发。

数字孪生肇始于制造集大成于城市

数字孪生的概念最初是由迈克尔·格里夫斯（Michael Grieves）教授于2003年在美国密歇根大学的产品全生命周期管理课程上提出的，被定义为“三维模型”，包括实体产品、虚拟产品以及二者间的连接。但当时技术的成熟度有限，只是作为理念被学术界所了解。2012年，NASA发布了技术路线图，指出“数字孪生”是一种综合多物理、多尺度模拟的载体或系统，以反映其对应实体的真实状态。IT研究与顾问咨询公司Gartner在《2017十大战略科技发展趋势》中指出，“数以亿计的物件很快将以数字孪生来呈现”，数字孪生的概念受到广泛关注并进入公众视野。

数字孪生是仿真模拟的升级与深化。数字孪生源于仿真技术，但它不同于“仿真”，更为实时写真、虚实互动。[⑤] 首先，数字孪生不是传统封闭的计算机辅助设计，而是可以紧密结合实时数据与数字模型，使管理人员能够在物理系统正常运行的同时，预先对控制与管理带来的影响进行预演和验证，动态调整，及时纠偏。其次，数字孪生不是简单的执行预制动作序列的自动化系统（Automated），而是基于对环境的认识来理解任务，对发展状态、行为处理的情况做出反应，无须进行重新配置的自主系统

⑤ Rosen R, Wichert GV, Lo G, et al. About The Importance of Autonomy and Digital Twins for the Future of Manufacturing[J]. 2015,48 (3): 567－572.

（Autonomous）。最后，数字孪生也并非是以传感器为基础的物联网局部解决方案，而是对全生命周期过程的全要素、全流程、全维度检测与仿真，代表了完整的环境和过程状态，涵盖设计、建设、运行和管理阶段，具有统一的物理信息孪生数据源。因此，数字孪生是模拟、仿真和优化技术的重要深化，代表了新一代仿真技术的前沿方向[⑥]，如图 2-2 所示。

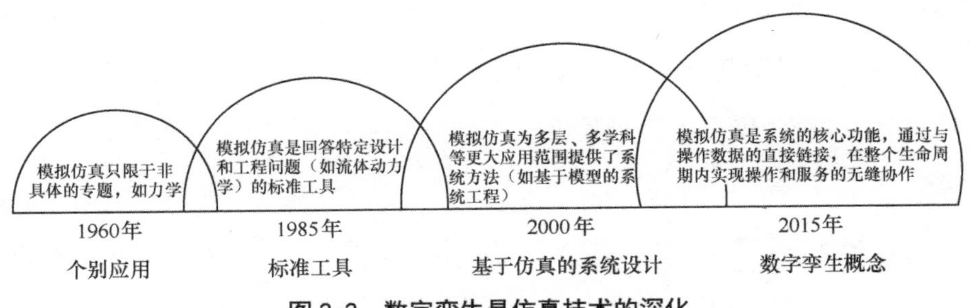

图 2-2　数字孪生是仿真技术的深化

数字孪生系统包括五大维度的结构。[⑦]

一是作为客观存在的物理实体。通过在物理实体上部署各种传感器，可实时监测其环境数据和运行状态。物理要素的智能感知与互联都离不开信息物理融合。物理实体是数字孪生的基础，物理实体皮之不存，虚拟孪生毛将焉附？

二是多维虚拟模型。多维虚拟模型是物理实体忠实的数字化镜像，是数字孪生引擎，是实现设计制造、故障预测、运维管理、仿真决策等功能的核心组件，是数字孪生应用的“心脏”。多维虚拟模型集成并融合了几何、

⑥ 周瑜，刘春成．雄安新区建设数字孪生城市的逻辑与创新[J]．城市发展研究，2018，25（10）：60-67.
⑦ 陶飞，刘蔚然，刘检华，等．数字孪生及其应用探索[J]．计算机集成制造系统，2018，24（1）：1-18.

物理、行为及规则四大子模型。在城市领域，多维虚拟模型包括城市人口推演模型、城市用地模型、城市密度模型、产业空间模型、城市资源模型、城市交通模型、空间形象模型、城镇群落推演模型、建设时序推演模型等。

三是服务系统。服务系统集成了评估、控制、优化等各类信息系统，基于物理实体和虚拟模型提供智能运行、精准管控与可靠运维服务。服务系统为城市管理者提供了一个更便捷、更直观的交付形式，让管理者能够高效、安全地把握城市的各种特征和体征，识别城市的发展阶段，诊断“城市病”，从而可以提出更具建设性的城市发展方案。如果没有服务系统，数字孪生城市将无法发挥作用。

四是孪生数据。孪生数据包括物理实体、虚拟模型、服务系统的相关数据，领域知识及其融合数据，并随着实时数据的产生被不断地更新与优化。孪生数据是数字孪生运行的核心驱动，它源于物理实体、虚拟模型、服务系统，同时在融合处理后又融入各个部分，推动了各个部分的运转，是数字孪生应用的“血液”。

五是孪生实时动态连接。孪生实时动态连接是数字孪生应用的“动脉血管”，它将以上 4 个部分进行两两连接，使信息与数据得以在各个部分间交换传递，进行实时有效的数据传输，从而实现实时交互，以保证各部分间的一致性与迭代优化。没有了各组成部分之间的交互连接，就如同人体割断动脉，数字孪生应用也就失去了活力。

数字孪生应用，正从制造业逐步拓展至城市空间，将形成以数字技术和城市空间仿真预演为核心，突出信息技术、生态技术、仿真技术的集成应用，形成现实社会与虚拟社会融为一体的镜像孪生、虚实互动的数字孪生城市。

数字孪生科技，将赋予城市新的基因，城市发展不再是盲人摸象，可以通过信息技术的深度应用，实现对城市复杂适应系统特性的认识、提取和应用，发现和顺应城市自身具有的自适应、自组织智慧，使不可见的城市隐性秩序显性化，达到使城市问题防患于未然、城市管理协同高效智能、城市发展动力持续强劲、城市安全韧性增强的效果。

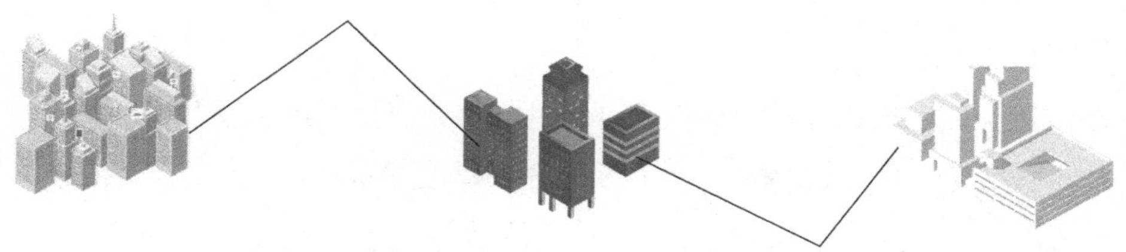

智慧城市：城市发展高阶形态

伴随着全球城市化的发展进程，城市发展中的人口迁移、转移、流动更加频繁，数量庞大的人口、不断增长的城市规模将对城市良性发展带来更大的挑战。建设优美宜居型城市正面临人口数量膨胀、公共资源供给不足、城市管理难度加大等突出问题，亟须向科技要红利，走智慧发展道路。

如何避免400亿美元“智能鬼城”

2003 年，韩国的松岛新城开始建设智能城市，也提出了绚烂的智慧愿景：监控设备捕捉到异常行为或声音，将信息传递给附近的监控器，监控器动态调整监控角度并组网监控，将信息实时传递给指挥中心。仁川的运营指挥管理中心与仁川消防局、国家应急中心、仁川液化石油基地等信息直连，在平时的状态下，消息传递反馈的时间为几秒到 5 分钟，应急状况下可实时沟通反馈。图 3-1 为松岛新城的智慧城市说明。

地理位置	位于仁川第二大港口仁川滨水区，距离首尔 65 千米，距离仁川国际机场不到 11 千米
规模	占地55平方千米，企业投资1647亿韩元，计划人口规模25.9万人
建设周期	2003 — 2020 年，共 17 年
发展背景	为抢占东北亚发展先机，政府力推东北亚经济中心实现战略；仁川自由经济区为其核心地区，2003 年指定松岛、永宗、青罗共 209 平方千米
功能定位	国际商务区、尖端产业园区、新港物流园区、仁川国际大学城
投资方	采用 PPP 模式，成立仁川 U-City 财团，政府控股 28.6%，其余主要由 IT 公司控股

图 3-1　松岛新城的智慧城市

然而，好景不长，智能松岛原计划于 2015 年全面运营，但随后又被推迟到 2018 年，现在再度被推迟到 2022 年。目前，该地的居民只有 7 万人，不足原来设计容纳人数的 1/4。当地居民甚至自嘲生活在“一座废弃的监狱”里。投资近 400 亿美元的智慧城市成为“废弃的监狱”，其中的原因值得深思。

智能设施推高成本。松岛新城过于昂贵的生活成本是导致它无法吸引公众到来的原因。即使该地采用诸多的高科技手段实现了便利的生活、工作方式，拥有 106 栋建筑和约 2.04386 平方千米的 LEED（绿色建筑评价工具）认证空间，但还是有很多当地居民宁愿选择回到人口密集、拥挤不堪的首尔生活。因此，松岛新城只能在智慧城市建设的投入与城市居民的承受能力之间进行谨慎的计算，而非简单的唯高科技论，推高城市的建设成本。

产业匮乏，难以为智能城市输血。对一座城市的兴衰起决定作用的是产业的兴衰。当城市发展到一定的水平时，决定城市增长的不再是本地的资源禀赋，而是城市本身集聚资本、劳动力等生产要素的能力。而这种能力取决于城市能否形成强有力的、繁荣的主导产业，强有力的产业将会派生新的产业，而新的产业又能形成其他繁荣的主导产业及其派生的新的产业。在这种累积和循环的产业发展过程中，推动城市不断向前发展。许多国家城市的发展经验也表明城市繁荣离不开产业的繁荣。智慧松岛在发展的过程中，缺乏智慧产业的导入，均依赖于智能化环境与应用服务，缺乏内在输血能力。

缺乏城市人文环境。智慧松岛缺少人本主义的服务与创新体验，市民在城市中难以享受宜居宜业的人文关怀与贴心服务。松岛式的“智慧鬼城”需要纳入城市居民的情感与体验，城市需要具备人文精神，让创新、包容等成为除城市智能标签以外同样重要的特征。

综合考虑，未来的智慧城市发展需要做到以下 3 点。

一是适度应用智能技术，破除唯技术论的发展导向。当前很多城市的技术驱动特征显著，物联网、大数据、人工智能、虚拟现实的技术堆砌虽然形成众多离散的、割裂的智能应用，但缺乏对城市发展规律的深刻认知、对城市空间特点有针对性的布局，以及对城市服务与治理的敏捷、高效回应，因此未来的智慧城市发展迫切需要形成全局性、标杆性的成效。

二是坚持产城融合，实现城市智慧产业与城市智能管理服务的协同并进。“以城定产，以产兴城，产城融合”被证明是一条可实现的道路。没有产业支撑的智慧城市是无源之水。没有产业，城市即便再智慧，也是一座死城；缺乏智慧化服务供给的城市，产业发展即便再迅速，也会因为缺乏长期可持续的“土壤”而难以持久。因此，“智慧产城融合”是确保新型智慧城市中人与经济发展、生活环境协调、可持续的关键路径之一。只有牢牢树立产业兴城、产城融合的理念，不断从产业结构持续高级化中获取城市进一步发展的基本动力，才能在激烈的竞争中保持和巩固自己的地位，支撑智慧城市的可持续发展。

三是在复杂环境中推动多利益相关方实现认知、行为的一致，助力城市整体利益最大化。城市管理者需要对城市的政治、经济、文化和公共事务进行更高效、更合理的组织、协调、运行和监督，推动公共利益最大化。其前提是实时掌握城市各要素的全维度信息。而近年来提出的数字孪生城市理念与局部实践，能够利用全维、全景、全程的数据信息，帮助治理者建立大数据思维，利用数据工具优化决策，提升治理能力，有效地推动多利益相关方的信息对称，加速达成共识，重塑城市治理的未来。通过城市数据开放、信息资源共享互通，打通城市“动脉”，优化城市治理手段和模式，构建创新、包容的城市发展氛围。

“以智为器，以慧为道”的智慧城市

智慧有广义和狭义之分。狭义的智慧是指高等生物所具有的基于神经器官的一种高级的综合能力，包含感知、知识、记忆、理解、联想、情感、逻辑、辨别、计算、分析等多种能力。它可以让人深刻地理解人、事、物、社会、宇宙、现状、过去、将来，拥有思考、分析、探求真理的能力。广义的智慧是指一个质点系统由于组织结构合理、运行程序优良所产生的较大功效的能力。系统结构越合理，内耗越小，功效就越大，系统的智慧也越高，反之则越低。因此，智慧的概念主要针对系统而言，人和城市同是复杂的巨系统，人是狭义智慧的主要代表，城市则是广义智慧的典型范例。

深究起来，智慧有两层含义：“智”为外精神场，“形而下谓之器”，以智为器，“智”体现为知识、技能、经验，可通过“博学之、审问之、慎思之、明辨之、笃行之”而得；“慧”为内精神场，“形而上谓之道”，“慧”体现为直觉、灵感、体悟，由先天慧根、资质禀赋和意识形态组成。智慧相生，才能产生“发现、整合、创新”，对事物进行迅速、灵活、处理的能力。人的智慧源于两个方面，即“智”的历练和“慧”的修炼。“智”源于不断学习和知识技能的积累；“慧”源于人的修为和道德，如个人礼、义、仁、智、信的培养，做人和做事的原则。只有“智”与“慧”

结合，才能造就一个“明辨是非、审时度势、远见卓识”的智慧之人。

相应地，城市的智慧也来自两个方面：“智”来自于对信息技术的充分运用和对信息资源的挖掘利用，信息技术使城市具备感知能力、分析能力、协同能力，能够有效促进城市结构的优化、城市信息的整合和城市系统的互通，并通过对信息资源的掌控与挖掘，辅助城市实现科学有效的决策；城市的“慧”则代表城市发展的理念、机制、模式、环境，如果城市的发展理念以人为本、管理服务周到、高效且充满人文关怀，体制机制围绕服务不断完善，那么才称得上“慧”。

因此，城市智慧的本质来自“智”与“慧”的和谐共生、水乳交融。一座智慧的城市，是一个信息技术手段与城市发展理念、运作模式、体制机制有机融合，城市硬实力与软环境交相辉映，具有自动感知、快速反应、科学决策、高效处理、贴心服务的能力，使在城市中生活、工作的人感到舒适、安全、幸福、和谐的城市。[⑧]

智慧城市通过感官神经元细胞（城市感知设施）透彻感知外界变化与状态，通过完善互通的神经网络（信息网络）传递神经冲动（信息资源和数据），在中枢神经系统（城市智慧运营管理中心）和周围神经系统（各行业、领域的信息系统与平台）的协同控制下，向着快速反应、科学决策的目标发展。智慧城市的发展要素如图 3-2 所示。

具备感知能力的城市部件和智能终端构成智慧城市的“感觉神经元细

---

⑧ 任德旗，高艳丽，陈才．以智为器，以慧为道，点亮城市智慧——基于仿生学的智慧城市理论研究[J]．中国信息界，2013（11）：55-59.

胞”。一方面，城市的交通设施、电力设施、地下管网设施、房屋建筑等基础设施，通过装备智能芯片、传感器、射频识别等技术，实现物体的智能化联网，感知城市的运行状态。另一方面，人、汽车等通过配备具备感知能力的智能终端、北斗/GPS等设备，成为城市的物联网感知体系的一部分。两者共同构成了智慧城市的感光细胞、嗅觉细胞、味觉细胞等“感觉神经元细胞”。

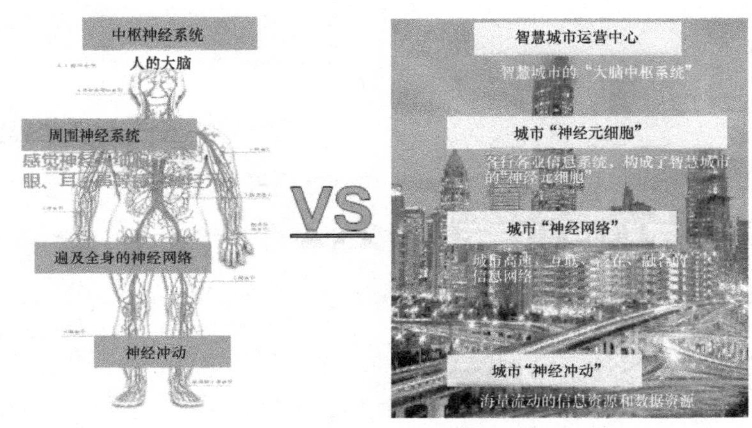

图 3-2　智慧城市的发展要素

各行各业的信息系统构成了智慧城市的“运动神经元细胞”。城市各个领域、各个行业都具有信息系统，包括交通、医疗、教育、建筑、水务等。这些信息系统基于城市动态感知数据，结合城市基础数据信息，通过智能数据挖掘、智能决策以及应用之间的信息共享和协同，有效实现城市智慧化的运行管理和服务。这些智能化的信息系统构成了智慧城市的“运动神经元细胞”。

泛在互联的信息网络构成了智慧城市的“神经网络”。由高速、泛在、高可靠的有线光纤网络和无线宽带网络构成的信息网络是城市最为重要的基础设施，主要包括公众电信网、互联网、行业专用通信网等，为实现城市的智慧应用和信息的高速传输奠定了重要基础。

城市的海量数据和信息资源构成了智慧城市的“神经冲动”。各个业务系统在城市运行的过程中均会产生海量数据、信息和知识，包括城市空间、人口、发展、经济、文化等基础数据，交通、水务、电力、金融等行业和业务数据，以及领域内部、行业内部经过分析和处理的决策信息、关联分析信息等。这些数据和信息已逐步超越劳动力、土地、资本等传统生产要素的价值，成为第一生产要素，在城市经济社会活动中发挥着日益重要的作用，是智慧城市的“养分”和“神经冲动。”

智慧城市的运营管理中心构成城市“大脑中枢系统”。智慧城市建设的关键是对城市各项资源的整合和共享，对零散的业务信息系统实现联动与协同。一方面，智慧运营与管理中心以业务协同联动，促进城市级数据和信息资源整合与共享，打破各部门、行业的孤岛式运营，为城市运行管理提供更科学的监测分析和预警决策服务。另一方面，智慧运营与管理中心基于云计算技术向城市创造统一的开发、运行环境，为城市提供随需而变的应用和服务。

我国经历的三次智慧城市浪潮

2008—2012 年，我国智慧城市经历第一次浪潮，可称为概念导入期。该时期的智慧城市建设以行业应用为驱动，重点技术包括无线通信、光纤宽带、超文本传输协议（Hyper Text Transfer Protocol，HTTP）、地理信息系统（Geographic Information System，GIS）、全球定位系统（Global Positioning System，GPS）等。信息系统以单个部门、单个系统、独立建设为主要方式，形成大量的信息孤岛。信息共享多采用点对点自发共享方式，产业力量较为单一，国外软件系统集成商引入概念后主导智慧城市产业发展。

2012—2015 年为试点探索期，智慧城市开始掀起第二次浪潮。该阶段在中国城镇化加速发展的大背景下，重点推进射频识别技术、3G/4G、云计算、面向服务的结构（Service-Oriented Architecture，SOA）等信息技术的全面应用，系统建设呈现横纵分割特征，信息共享基于共享交换平台，以重点项目或协同型应用为抓手。在推进主体上，由住房和城乡建设部（以下简称“住建部”）牵头，在全国选取 293 个试点，广泛探索智慧城市的建设路径和模式。国内外软件开发商、系统集成商、设备商等积极参与各环节的建设。

2016 年之后，新型智慧城市的概念提出，更强调以数据驱动、以人为本、统筹集约、注重实效，重点技术包括移动物联网、5G、大数据、人工智能、区块链等，信息系统向横纵联合大系统方向演变，信息共享方式从运动式共享向职能共享转变，在推进方式上逐步形成政府指导、市场主导的格局。⑨

近年来，我国智慧城市建设在经过概念普及期之后，已经进入爆发式增长阶段，各级政府持续推动智慧城市建设工作，相关政策红利不断释放，同时吸引了大量社会资本加速投入。目前，我国有智慧城市、信息惠民等

⑨ 崔颖．新型智慧城市发展特点与趋势分析[J]．产城，2019（2）：38-39.

试点500余个。IDC统计，2018年我国智慧城市技术相关投资达到208亿美元，相较于2017年的173亿美元增长了20.2%，成为全球第二大智慧城市技术相关支出市场，并在2016—2021年预测期内保持着19.3%的稳定复合增长率，到2021年投资规模将达到346亿美元。

我国智慧城市发展的三次浪潮如图3-3所示。

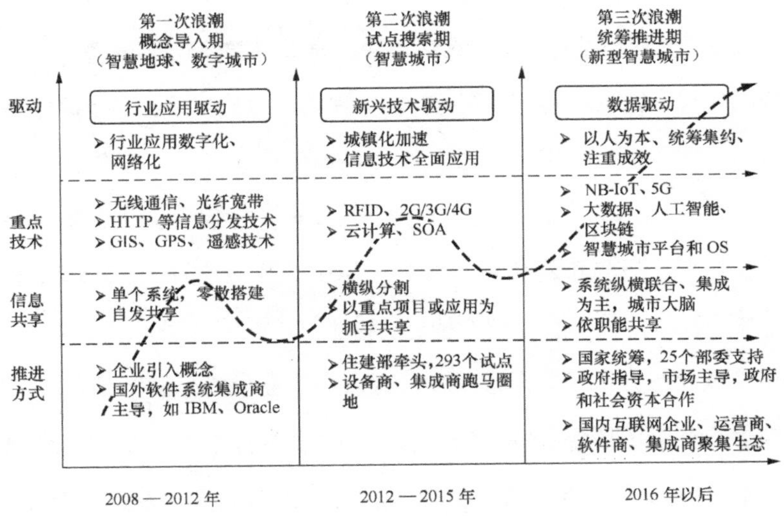

图3-3 我国智慧城市发展的三次浪潮

多维理解新型智慧城市内涵

党中央、国务院立足我国城市发展实际，顺应信息化和城镇化发展趋势，落实网络强国战略和大数据发展战略，主动适应和引领新常态，打造经济发展新动能，做出建设新型智慧城市的重大决策部署。新型智慧城市的核心是以人为本，关键是数据驱动，标尺是建设实效，本质是改革创新。

在设计上，更突出统筹兼顾、创新引领的顶层设计理念。从单点推进的局部规划，向统筹性、融合性、综合创新的顶层设计转变。新型智慧城市不能再以部门为单位，做局部领域、局部项目的规划，而必须要将智慧城市的规划和经济社会总体发展规划、区域土地、基础设施建设规划融合起来，与各部门的业务规划、信息化融合起来，同时要融入“互联网+”、数字经济、大数据、网络强国等新思想、新理念，以创新引领驱动城市发展。

在服务上，更突出以人为本、信息惠民，全面共享区域协调理念，从重管理、轻服务和重城市发展、轻农村，向全民共享发展成果、城乡区域协调发展转变。新型智慧城市建设的核心要义是为生活、居住、工作在城市中的人，提供以人为本的宜居、宜业、宜游的环境，构建立体化、多层次的惠民体系。同时，以城市现代化、城乡一体化、区域统筹化、环境生态化为方向，推广农村社区信息化建设模式，推进涉农信息服务和网上办事，提高城镇化管理和服务水平，促进城乡、区域经济社会的全面协调发展。

在管理上，更突出资源共享、协同管理、智能决策理念，从“多个部门、多个窗口、经验决策”向“统一受理、协同处理、智能科学决策”转变。新型智慧城市要强化电子政务作为促进体制改革、转变政府职能、提高行政效率的重要手段和途径，建设公开透明、行为规范、运转协调、廉洁高效的智能型政府；坚持以应用为重点，条块结合，市区联动，突破体制性障碍，推动数字政府和电子政务建设由分散、独立向全市统筹、集约化转变，推动信息系统运行由垂直、孤立向纵横互联、互通、互动转变；推动信息资源开发利用由注重自我服务、独占使用向注重共享、强化公共服务转变，推动政府对外提供一体化、整合型、“一口受理、后台协同”的综合服务。

在产业上，更突出转型升级、开放共赢、绿色低碳理念，从低端业态、封闭数据、忽视生态向智能制造、数据生态、循环经济转变。利用新一代信息通信技术在城市经济活动中的深度开发和广泛应用，深刻改变工业发展方式，驱动工业向数字化、网络化、智能化和服务化发展，探索智能制造、网络化制造、云制造等全新的生产模式。促进公共信息资源对社会公众的开放共享和创新应用，加强智慧城市的数据开放、共享与社会化开发利用，培育新型业态和新的经济增长点，以信息服务促进信息消费。坚持绿色、低碳、可持续发展的理念，构建资源节约、环境友好、循环高效的经济形态，降低城市能源消耗和污染排放，实现城市与生态环境的和谐统一。

在模式上，更突出政企合作、多元协同推进发展理念，从政府主导向以市场化为主、政府和社会资本合作（Public-Private Partnership，PPP）模式协同推进转变。建设新型智慧城市必然要鼓励和引导民间资本积极参与，开放运营市场，开展各类增值应用业务，进一步拓展智慧城市投融资渠道，加强智慧城市重大项目的统筹规划，推动信息资源作为经营性资源补贴向企业有序开放，引导政府投资重心从补贴建设向补贴运营转移，进一步加快完善PPP模式的标准规范以及配套机制，形成政府、企业、社会、科研院所共同参与、协同推进的发展格局。

顶层政策与环境日臻完善

近年来，党中央、国务院高度重视新型智慧城市建设工作，陆续研究出台和不断推进落实各项政策保障体系，新型智慧城市的政策发展环境日臻完善。

习近平总书记多次做出重要指示，指出“分级、分类推进新型智慧城市建设”。在中共中央政治局第三十六次集体学习中，习近平总书记强调“以推行电子政务、建设新型智慧城市等为抓手，以数据集中和共享为途径，建设全国一体化的国家大数据中心，推进技术融合、业务融合、数据融合，实现跨层级、跨地域、跨系统、跨部门、跨业务的协同管理和服务”。

《国家信息化发展战略纲要》《数字经济发展战略纲要》等国家重大政策文件均明确提出要加强顶层设计，分级分类推进新型智慧城市建设，提高城市基础设施、运行管理、公共服务和产业发展的信息化水平。《“十三五”国家信息化规划》明确了新型智慧城市的建设行动目标：“到2020年，新型智慧城市建设取得显著成效，形成无处不在的惠民服务、透明高效的在线政府、融合创新的信息经济、精准精细的城市治理、安全可靠的运行体系。”国务院发布的《新一代人工智能发展规划》明确部署智慧城市国家重点研发计划重点专项，加强人工智能技术的应用示范。《2019年新型城镇化建设重点任务》中提出，优化提升新型智慧城市建设评价工作，指导地级以上城市整合建成数字化城市管理平台，增强城市管理综合统筹能力。

各省市出台智慧城市发展的顶层设计政策。河北省政府印发《关于加快推进新型智慧城市建设的指导意见》，逐步形成部门协同、上下联动、层级衔接的智慧城市发展新格局。江苏省出台《“十三五”智慧江苏建设发展规划》和《智慧江苏建设三年行动计划（2018—2020年）》，大力推进网络强省、数据强省、智造强省建设，高水平建设智慧江苏。陕西省发布《关于加快推进全省新型智慧城市建设的指导意见》，并建立省市两级协调推进机制，省级由省大数据与云计算产业发展领导小组统一领导，各市（区）建立新型智慧城市建设工作机制。截至2018年，658个县级以上城市中超过46%的城市已开展新型智慧城市顶层设计或总体规划。

此外，地方省市还纷纷出台智慧城市法规条例，规范各方的权、责、利。银川市率先发布《银川市智慧城市建设促进条例》，明确提出，将智慧城市建设及其管理纳入国民经济和社会发展规划。山东省济南市、山西省大同市、江西省鹰潭市等地纷纷出台智慧城市地方法规条例，为智慧城市建设保驾护航。

智慧城市发展机制持续创新

协同组织机制加速变革。一方面，为适应日益复杂的城市发展需求，更有力地协调、调度、动员更大范围的资源，很多跨行业、跨领域的新机构应运而生。如大数据局等数据主管部门开始自上而下统筹智慧城市建设的设施和数据，从规划、国土等部门分立到自然资源管理部门的整合，融合规划、城管、环卫、环保、市政市容等传统部门业务的城管部门逐渐出现。另一方面，智慧城市也积极探索、建立新型多利益相关方的合作机制，形成统筹协调、多方参与、共同推进的协同组织格局。例如，嘉兴市创新智慧城市领导小组传统构建模式，组建由市委副书记、市长及实施公司总经理组成的新型智慧城市“三组长”架构，全力统筹智慧城市建设。

新型建设运营机制大胆创新。政府和社会资本通过全面合作，推动智慧城市建设从政府主导走向政府和市场协同运作，实现可持续运营。阿姆斯特丹通过设立由政府与能源企业分别出资50%的智慧城市基金，投资当地具有良好运营收益的智慧化项目，吸引超过100家私营企业加入建设与运营。截至2018年，国家财政部入库智慧城市PPP项目共计71项，总投资规模达到565亿元，涵盖公安、交通、旅游、数据中心、网络、卫生等公共领域。

条块融合机制试点探索。传统智慧城市建设只关注城市自身内在系统发展，而未能实现上下联通、条块联动，逐步出现上下级系统难对接、横向数据资源无法打通、城市先行试点在部委统筹后的夭折等问题。新型智慧城市建设不仅要求城市内部系统、数据资源实现整合，也需要实现与国家、省级管理部门的协同配合，需要在城市层面打通条块系统建设和信息资源，聚焦设施互联、资源共享、系统互通，实现垂直型“条”与水平型“块”互融互通、协同运作，共同推进城市层面的智慧化建设。上海市建立市、区两级信息化管理联动机制，并主动对接国家部委建设需求，明确政府与市场在不同领域、不同阶段的主体责任，协同各级政府共同推进智慧城市建设。

不同类型智慧城市异彩纷呈

新城新区日益成为新型智慧城市试验田和实践热点。以雄安新区为代表的新城新区将新型智慧城市建设作为首要任务，突出绿色、现代、创新等理念，引领新城新区智慧城市建设趋势。在规划建设阶段，新城新区信息基础设施与新城土地规划、市政设施规划、交通规划、同步实施，做到“一张蓝图绘到底”。在运行管理阶段，新城新区在信息共享、信息资源开发利用、国际合作等方面进行体制机制创新探索，做到跨系统、跨部门、跨业务的协同管理和服务。

智慧区县和智慧小镇成为深入推进新型城镇化的重要抓手。区县（辖乡镇）一级作为我国最低的行政管理区划级别，其发展往往具备较为鲜明的城市特征。此外，由于规模小，智慧城市建设反而更容易统筹推动。因此，区县（辖乡镇）在智慧城市建设方面较地市而言更具比较优势。近年来，智慧城市从地市级逐步下沉的态势明显。嘉兴乌镇、杭州丁兰、东莞清溪等一批智慧小镇竞相涌现。

新型智慧城市呈现溢出效应，向城市群扩展态势显著。新型智慧城市利用互联网超越距离的特性，将核心城市的信息化设施、平台、产品、应用等向周边城市辐射，加速城市群的进程，带动经济相对落后地区的发展，形成区域一体化协同发展的合力。长江经济带、珠江三角洲、京津冀等智慧城市群均着力于推进跨城市的区域合作机制、资源共享体系、区域协同管理和服务体系建设，加强城市群区域基础设施、公共服务互联互通，充分发挥北京、上海、广州等龙头城市的引领作用，打造具有国际竞争力的世界级智慧城市群。

智慧城市建设面临五大挑战

从国内看，虽然智慧城市建设热火朝天，但无论是民众还是城市管理者，对智慧化的体验感、获得感都有待增强。部分城市虽然建设了智慧城市，但交通拥堵日趋严重，生态环境恶化，城市内涝频发；虽然建设了城市大数据平台，但在规划、城管、环保、民政等细分领域，交叉获取信息、数据的壁垒依然存在，多领域融合分析与智能决策存在困难。究其原因，智慧城市在具体实践中普遍存在以下挑战。

一是智慧城市复杂的系统级统筹与整体优化挑战。智慧城市建设涉及基础设施、社会管理、民生服务、生态环保、经济发展等众多领域，亟须通过顶层设计，统筹处理好局部试点与全局建设、当务之急与长期发展的关系。一些城市缺乏统筹规划和全局意识，只是简单模仿发达国家、典型城市的做法，而忽视了当地经济社会发展的实际需求和城市特色，出现盲目跟风的现象。此外，绝大部分城市缺乏智慧城市级整体方案，尚未建立数据体系，应用开发各自为战，智慧城市建设大都是现有条块分割、机械、线性式城市管理系统上的零敲碎打式的补丁方案，只限于阶段性的局部优化。

二是智慧城市全流程的项目监管挑战。智慧城市项目缺乏全流程监管，导致其难以发挥最大效能。某些城市在智慧城市项目建设前期缺乏对经济社会发展需求的客观分析，在项目的设计、实施、验收、监测等环节缺乏中立的第三方评估，对项目的投资效益和成效缺乏考核，从而导致很多由政府主导的信息化项目变为由IT厂商驱使，过度追求新技术应用，导致信息化项目成为“摆设”和“花架子”。此外，一些地方注重硬件设施建设投入，对数据资源共享开放、业务协同、配套机制建设等软环境和举措的关注度不够，导致建设的项目越多，越容易形成新的信息孤岛。

三是智慧城市长效化运营机制和模式挑战。不少智慧城市信息化项目缺乏投资运营长效机制。一些地方对智慧城市建设的长期性、复杂性的认识明显不足，不少智慧城市项目是在原有委办局拟建设信息化项目的基础上贴上“智慧”标签，这些工程多以政府投资为主，既没有切实起到提升城市运行管理、公共服务水平的作用，也缺乏建设、运营和管理的长效机制，无法激发社会力量参与智慧城市建设的积极性和创造性，最终将导致智慧城市成为政绩工程和形象工程。

四是智能化应用配套环境挑战。当前智慧城市部分领域的智能化应用迟迟得不到推广，与其相关的配套政策、法规以及标准的缺失有关。例如，远程医疗作为一种广覆盖、低成本的公共服务方式，并没有得到广泛推广。首先，远程医疗请求方和提供方之间的责任认定缺乏具体的法律法规。其次，远程手术指导、远程常见病咨询等服务未被列入医疗服务目录，导致相关服务难以大规模开展。最后，远程医疗标准极大滞后，由于缺乏相应的业务规范，医院之间的监测结果不能被互认，远程诊疗设备的标准和接口不统一，相关设备难以兼容。

五是系统与资源高度集成下的城市网络安全挑战。一方面，在高度集成应用和智能化发展的大趋势下，对网络安全防护的自身要求日益提高。随着信息获取、传输和处理规模的急剧扩大，经济社会领域关键信息资源外泄的风险增大。同时，城市中的各种信息系统互联互通，集成更加复杂的巨系统，局部缺陷可能引发系统性风险。另一方面，有些城市忽视对网络安全保障体系和管理制度的建设，造成了极大的安全隐患。部分城市只重视信息化建设，忽视城市信息安全保障体系建设，关键信息基础设施和要害信息系统的防护能力不足，甚至有些城市过度依赖国外厂商的解决方案，或依托国外厂商建设城市重要领域的信息系统，导致交通、能源、金融等重要信息为国外厂商所控制，造成严重的信息安全风险隐患。

城市智慧成长的机理初探

城市“智慧”的成长受到信息技术的快速发展和城市体制机制变革的双重影响。信息技术的发展与运用决定了智慧城市的智能程度；体制机制（生产关系）与信息技术（生产力）的适配程度决定了城市“慧根”的深浅。智慧城市的“智慧”成长如图 3-4 所示。

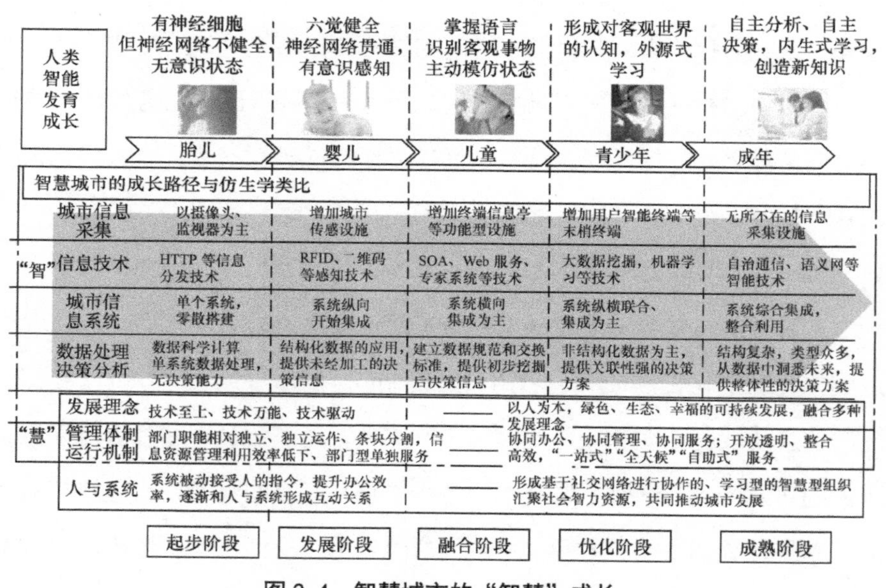

图 3-4 智慧城市的“智慧”成长

城市的智力随着技术综合集成应用的深度与广度，呈现阶段性的发展态势。城市智力的发展体现为以下 5 个方面。

智慧城市起步阶段。该阶段类似于人类的胎儿时期。胎儿具有神经细胞，但神经网络并不健全，对外界动态和状况产生被动的、无意识的局部感知。城市信息采集以摄像头、监控器为主，网络技术以 HTTP 等信息技术为主，基于 IPv4 的互联网进行信息的传输。此时，城市的信息系统以单个、零散系统为主，系统被动接受人的指令，数据处理、科学计算作为信息系统的主要功能并不具备数据决策能力。

智慧城市发展阶段。该阶段类似于人类的婴儿时期。婴儿已具备了视觉、听觉、触觉等六觉，神经网络开始贯通。城市中增加了 ETC 终端、环境传感器、交通线圈传感器等传感设备和感知设施。城市的信息系统以纵向系统、各行业分立建设为主。在数据处理和决策分析方面，城市的信息系统以结构化数据处理和应用为主，向城市管理者提供未经加工的决策信息。

智慧城市融合阶段。智慧城市类似于人类的儿童时期。儿童开始掌握语言，认识和识别客观事物。智慧城市开始建立数据规范和交换标准，对城市的事件、部件、物件等统一编码，形成“城市的语言”，并通过 SOA、全球广域网或万维网（World Wide Web，WWW）服务等信息技术推动已有信息系统和新建系统的互联互通，可经过初步挖掘之后的决策信息形成一定的知识模板库，对已有经验进行积累、沉淀。

智慧城市优化阶段。智慧城市类似于青少年时期。此时，青少年开始形成对客观世界的认知，通过接受外界信息和知识，实现外源式学习。智慧城市将以处理城市的大量的视频流数据、图片数据、文本数据、人的社交行为等非结构化数据为主，通过采用人工智能、大数据挖掘等技术手段，向城市管理者提供关联性很强的决策方案。

智慧城市成熟阶段。智慧城市类似于成年人，实现了自主分析、自主决策，可进行内生式学习、创造新知识。信息采集实现城市范围内无所不在的、随时随地的采集，人体内亦可植入芯片作为智慧城市末梢神经的一部分。信息技术以自治通信、语义技术等智能技术为代表，未来还将融入更多新技术。同时，信息技术以信息系统的综合集成、整合利用为主，从数据中洞悉未来走向和趋势，可以向城市管理者提供整体性的决策方案。

在智慧城市不断发展、不断进阶的过程中，城市的“慧”也在逐渐升华。城市“慧”的成长经历与人颇为相似。随着年龄的增长和阅历的丰富，人们逐渐形成自己的价值观、意识形态及为人处世的原则方法，进退有道、悟性自然则为“慧”。而城市发展的理念、管理的模式、运行的体制机制这些软性要素（生产关系）也在城市各种困局、矛盾冲突及其化解过程中不断优化、完善、演进、升华，与信息技术（生产力）相配合，推动城市向着更和谐有序的方向发展。智慧的成长体现为以下几个方面：**在城市的发展理念方面，从以技术至上、技术驱动向绿色、生态、宜居、幸福等以人为本、惠民便民、可持续的发展理念转变，在智慧城市的演进中将融合更多、更丰富的发展理念；在城市的管理体制和运行机制方面，从早期的部门职能相对独立、独立运作、条块分割、信息资源管理利用效率低下向开放透明、整合高效、协同办公、协同管理、协同服务转变，政府全方位提供“一站式”“自助式”服务；在信息系统与人的关系方面，逐渐由系统被动接受指令向人与系统双向互动、及时反馈转变，并逐步形成基于社交网络进行协作的学习型的智慧型组织，汇聚全社会的智力资源，共同推动城市发展。**

人与城市在智慧的成长机理与智慧系统的构成方面有异曲同工之妙，然而同为复杂巨系统的人与城市更有许多的不同之处，从而为城市智慧的跨越式发展奠定了基础。不管人的先天慧根如何，人的发育都是从婴幼儿开始的，特殊的经历或较高的天赋或许使人在年少时就拥有成熟的智力，但大多数人则是随着年龄和阅历的增长才越来越具有智慧的。

城市作为一个组件式、模块化的系统结构，其智慧不一定从零开始。人体的构造是先天赋予的，而智慧城市的构建是后天形成的；人体具有自然内生的协调性，而城市的协调性和运作能力是由外界赋予的，需要设计；组成人体的各个部件，如手、足、耳、鼻等，是难以被替换的，但城市的基础部件和核心模块可根据需求，随时随需进行替换。与人相比，城市的独特性决定了智慧城市在发展和建设过程中，不必完全按部就班、循规蹈矩。城市基础设施和建筑物的更新时间为50~80年，而ICT技术的更新时间普遍低于10年。在智慧城市的技术快速进步和创新的背景下，如果后发城市通过前瞻性布局，引入先进城市的建设经验，采用先进的技术手段，汇聚最优的城市部件和模块，则能够使城市一步到位快速具备智慧的基础和能力，相当于城市的智慧能够跨越人类的幼儿和少年时期直接进入中青年时期，形成与之相适应的管理模式和运作机制，确保“智”与“慧”相得益彰，使城市实现跨越式发展，即在要素智能化的基础上向整体智慧化的目标前进。

未来智慧城市的发展方向

从理念上看，未来新型智慧城市要实现虚实融合、创新驱动。新型智慧城市是各类信息技术的综合集成应用平台和展现载体，可以通过新一代信息技术的广泛应用，实现城市物理世界、网络虚拟空间的相互映射、协同交互，进而构建形成基于数据驱动、软件定义、平台支撑、虚实交互的数字孪生城市体系。数字孪生城市通过构建城市物理世界、网络虚拟空间的一一对应、相互映射、协同交互的复杂巨系统，在网络空间再造一个与之匹配、对应的“孪生城市”，实现城市从规划、建设到管理的全过程、全要素数字化和虚拟化、城市全状态实时化和可视化、城市管理决策协同化和智能化，推动城市水资源、能源、交通、生态等各类资源要素的优化配置、城市运行的随需响应和智能优化，形成物理维度上的实体世界和信息维度上的虚拟世界同生共存、虚实交融的城市发展新格局。

从设施上看，未来新型智慧城市要实现智能设施地上、地下立体空间的统筹布局。由于地上设施部署建设容易，属于城市管理者、市民可见的部分，因此地面智能设施建设容易出彩，传统智慧城市建设往往忽视了对于地下设施的预埋建设以及空、天、地设施的统筹规划建设。未来，新型智慧城市决策者和建设者需要同步关注地上、地下、天空等基础设施建设和智能化改造，尤其要关注地下管网及相关市政设施的深度感知与智能监测，以及浮空应急通信平台等新型设施的布局，真正实现一体化的城市智能管控。

从运行机理上看，未来新型智慧城市要实现前端服务界面与后端流程机制的同步优化。随着我国“互联网＋政务服务”的全面推进和互联网企业抢入口、抢流量、抢数据的竞争加剧，各地政府更加关注城市级公共服务平台建设并统一入口，提供PC端和移动端完善的服务。但由于缺乏有效的数据支撑、系统联动、便捷服务等，大部分公共服务平台及移动服务门户的功能大打折扣。未来的智慧城市公共服务不能只关注前端建设，更要关注后端的优化，包括数据的汇聚、流程的再造、服务的集成、账号的统一、安全的管控等，只有把这些不易被看到的脏活累活干了，才能真正做到便民惠民。

从产业生态上看，未来新型智慧城市要实现大中小企业融通发展和引进、培育企业协同推进。新型智慧城市建设不是龙头企业的专利，也不能走大集成、大总包的信息系统建设老路，未来城市可围绕要素汇聚、能力开放、模式创新、开放合作等，加强大型企业引进与本地运营企业培育同步，形成智慧城市生态圈，不仅需要鼓励企业积极参与本地智慧城市建设，而且要真正建立起公平、生态化的竞争机制，不可一家独大，也不可竞争无序，要真正发挥各企业的优势，为智慧城市创新发展提供良好环境。

第二篇　概念内涵

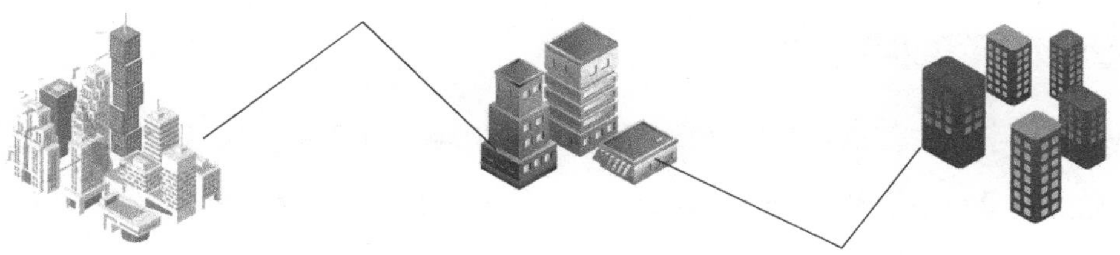

第四章 Chapter 4 什么是数字孪生城市

万物皆可数字孪生

数字孪生，也称数字镜像、数字化映射等，百度百科给出的定义是，充分利用物理模型、传感器更新、运行历史等数据，集成多学科、多物理量、多尺度、多概率的仿真过程，在虚拟空间中完成映射，从而反映相对应的实体装备的全生命周期。这个定义基本道出了数字孪生的本质，如传感器更新、全生命周期映射、基于全量数据的仿真等，指出数字孪生是基于多学科技术的集成运用。数字孪生概念示意如图 4-1 所示。

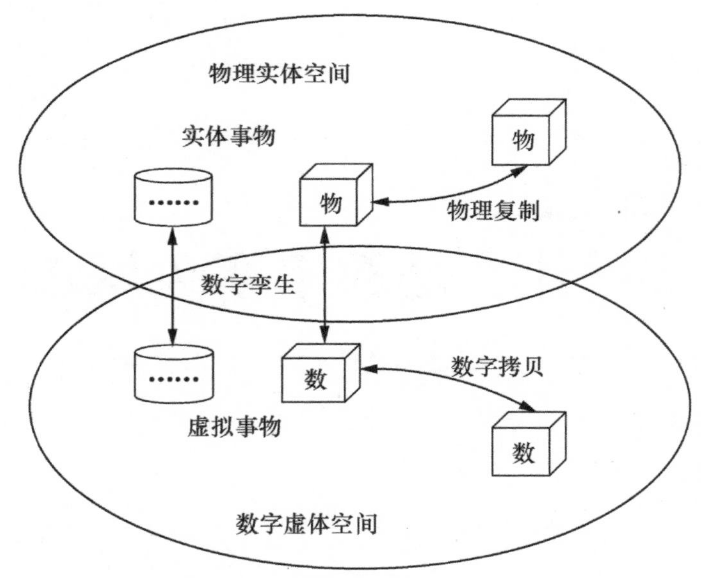

图 4-1　数字孪生概念示意

数字孪生的通俗解释是通过对物理世界的人、物、事件等所有要素数字化，在网络空间再造一个与之对应的“虚拟世界”，形成物理维度上的实体世界和信息维度上的虚拟世界同生共存、虚实交融的新形态，通过为物理实体创建虚拟对象，模拟其在现实环境中的行为。数字孪生概念近年来的大热主要源于控制、感知、网络、大数据、人工智能等信息技术的加速突破，尤其是物联感知技术的发展，使物理世界的运行数据能够通过传感器采集反馈到数字世界，使极致可视化管理、实时仿真验证和智能控制成为可能。

数字孪生已成为数字化发展的必由之路。随着信息技术发展和万物互联时代的到来，一个明显的趋势就是，物理世界和与之对应的数字世界将形成两大体系平行发展并相互作用。万物皆可数字孪生，从人、物、设备、设施到工业装备和产品、建筑、城市等，未来数以百亿计的事物将以数字孪生的形态呈现，即每个事物将分为两个部分：一个是实体，存在于物理世界；另一个是实体的数字孪生体，存在于数字世界。孪生体是实体的虚拟映像，表征实体并映射实体的一举一动。物理世界的任何事物都能在数字世界做到信息可查、轨迹可循。数字孪生复杂巨系统数字化必由之路如图 4-2 所示。

数字孪生的目的是以虚拟服务现实。以数字体服务物理实体，使物理实体的运行更高效、更安全、更健康且成本更低。尤其是复杂巨系统最需要数字孪生，如大型制造业工厂、大型建筑、产业园区、大学校园等，系统越复杂，越需要虚拟化和仿真，小则节省资源成本、提质增效，大则少走弯路、不留遗憾。本质上，数字世界为了服务物理世界而存在，物理世界因为数字世界而变得更有序美好。数字孪生是数字化浪潮的必然结果，是数字化的必由之路，可谓数字化的理想状态。

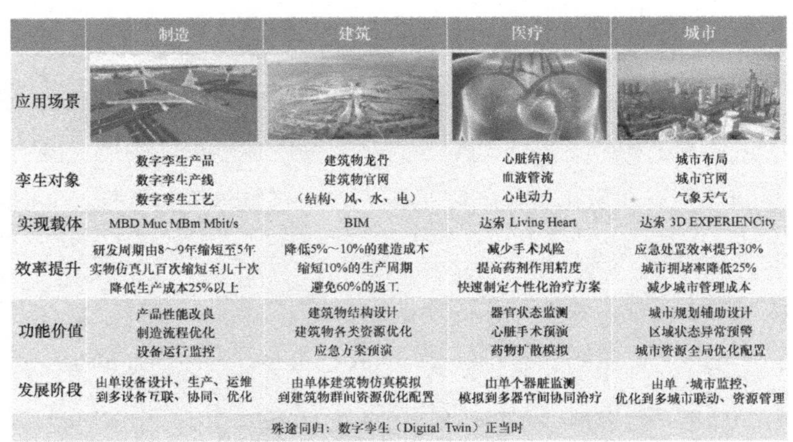

	制造	建筑	医疗	城市
应用场景				
孪生对象	数字孪生产品 数字孪生产线 数字孪生工艺	建筑物龙骨 建筑物官网 （结构、风、水、电）	心脏结构 血液管流 心电动力	城市布局 城市官网 气象天气
实现载体	MBD Muc MBm Mbit/s	BIM	达索 Living Heart	达索 3D EXPERIENCity
效率提升	研发周期由8～9年缩短至5年 实物仿真几百次缩短至几十次 降低生产成本25%以上	降低5%～10%的建造成本 缩短10%的生产周期 避免60%的返工	减少手术风险 提高药剂作用精度 快速制定个性化治疗方案	应急处置效率提升30% 城市拥堵率降低25% 减少城市管理成本
功能价值	产品性能改良 制造流程优化 设备运行监控	建筑物结构设计 建筑物各类资源优化 应急方案预演	器官状态监测 心脏手术预演 药物扩散模拟	城市规划辅助设计 区域状态异常预警 城市资源全局优化配置
发展阶段	由单设备设计、生产、运维到多设备互联、协同、优化	由单体建筑物仿真模拟到建筑物群间资源优化配置	由单个器脏监测模拟到多器官间协同治疗	由单一城市监控、优化到多城市联动、资源管理
殊途同归：数字孪生（Digital Twin）正当时				

图 4-2　数字孪生复杂巨系统数字化必由之路

数字孪生在工业领域的应用由来已久。尤其是大型装备制造工厂，通过搭建整合制造流程的数字孪生生产系统，实现从产品设计、生产计划到制造执行的全过程数字化，将创新、效率和有效性提升至一个新的高度，与虚拟制造相比有过之而无不及。据知名咨询机构的分析，世界上超过 40% 的大型生产商都会应用虚拟仿真技术来为他们的生产过程进行建模。

在消费领域，移动互联网为我们构建了数字生活的美妙图景，线上搜索、下单、支付一条龙，线下享受吃喝玩乐各种服务。这种线上、线下融合交互的应用场景已使我们充分享受到数字生活的便捷和精彩。那么当数字世界在线上全面打通，形成一个独立的系统与物理世界孪生并行时，未来的场景将超出想象。

城市最适合数字孪生。说起复杂巨系统，还有什么比城市更复杂？城市的诞生是人类文明史上的标志性事件，城市让生活更美好。然而，随着城市的规模扩张和无序发展，由于规划不够前瞻、管理缺乏手段、决策不够科学，加之资源和环境的约束，交通拥堵和公共服务短缺，大中小城市普遍"病"得不轻，问题难以有效纾解，给生活带来了极大的困扰，给治理带来了严峻的挑战。

如果建立一个与物理城市孪生并行的数字城市，无论是城市规划、建设，还是运行、管理，一切决策在虚拟世界先行仿真，而后在现实世界执行。那么试想一下，这将挽回多少损失、减少多少失误、节省多少资源、提升多少效率、少走多少弯路，百姓的幸福感又将提升到什么高度，数字孪生城市将使这激动人心的场景变为现实，如图 4-3 所示。

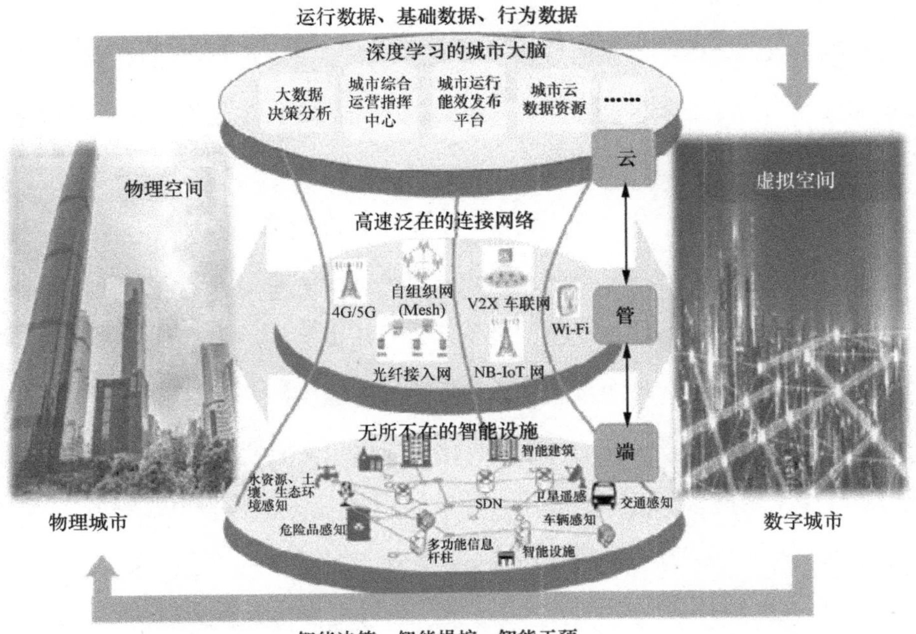

图 4-3 城市最适合数字孪生

数字孪生技术应用于城市

准确定义数字孪生城市并不是一件容易的事，在技术快速演进和需求不断升级的背景下，其内涵、要素、形态、愿景将持续改变，其价值和作用将不断提升和拓展。随着技术的发展和两个世界的并行交互，哪些深层次的变化会被引发，需要业界不断研究探索和思考。

以目前较为粗浅的理解及有限的想象力，我们认为，数字孪生城市是数字孪生的理念和技术在城市范围的应用，是基于复杂综合技术体系构建的物理城市的数字孪生体，是吸引高端资源共同参与、持续迭代的城市级新技术试验场和创新平台，是物理维度上的实体城市和信息维度上的虚拟城市同生共存、虚实交融的城市未来发展形态，是以虚拟服务现实、数据驱动治理为特征的未来城市智能化运行的先进模式，也是重塑城市现代化治理体系和治理能力的重要载体。

从价值角度看，数字孪生城市对于促进城市治理模式升级、提高政务服务和民生服务的效率和质量具有极其重要的现实意义，对于提升政府执政能力和水平、创造安全优良的政治环境具有深远的历史意义。数字孪生城市作为新时代智慧城市创新理念的前瞻性最佳实践，是未来城市不可或缺的关键基础设施，是推动城市信息化由量变走向质变的里程碑。

从技术角度看，数字孪生城市是集成数字化标识、自动化感知、网络化连接、普惠化计算、智能化控制、平台化服务等信息通信技术、新型测绘技术、地理信息技术、3D 建模技术、仿真推演技术及其他行业技术的综合技术支撑体系，通过在数字空间再造一个与物理城市匹配对应的数字城市，实现城市全要素数字化和虚拟化、全状态实时化和可视化、运行管理协同化和智能化，实现物理城市与数字城市虚实交互、平行运转。

从功能角度看，数字孪生城市一方面通过全域数字化实现由实入虚，映射并监测物理城市的运行状态，同时运用数据分析进行仿真决策；另一方面通过软件赋能和远程控制实现由虚入实精准操控、智能优化现实城市。数字孪生城市运行机理如图 4-4 所示。

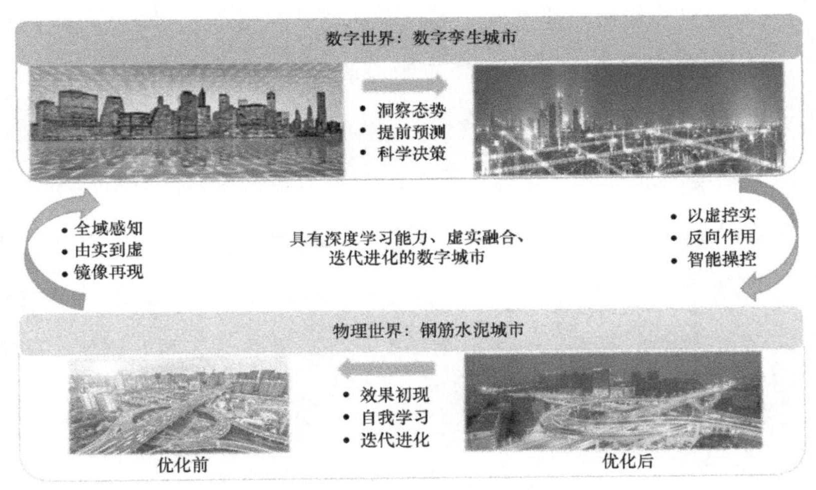

图 4-4　数字孪生城市运行机理

钢筋水泥的物理世界与网络空间的数字世界孪生并行，通过数据采集、数据建模、可视化等技术实现由实入虚；数字世界通过静态和动态数据精准映射表征物理世界，使物理世界在数字世界镜像再现，在数字世界通过多源数据分析、建模、仿真、推演洞察物理世界的运行态势，预测发展趋势，进行决策优选，进而操控物理世界，实现由虚入实，对物理世界进行反向控制，促进物理空间中城市资源要素的优化配置；之后再度由实入虚，以数据驱动决策；再由虚入实，不断优化城市的运行治理，最终形成具有深度学习能力、虚实融合、迭代进化、自我成长的城市发展新形态。

从本质上看，数字孪生城市通过融合先进的技术手段，构建强大的城市级数字底板，以模型、数据和工具形成基础能力集，为整个城市赋能，实现城市的模拟、监控、诊断、预测、仿真和控制，解决城市规划、设计、建设、管理、服务闭环过程中的复杂性和不确定性问题，全面提升城市资源的配置能力和城市治理能力，推动城市规划建设“一张蓝图绘到底”、城市治理虚实融合“一盘棋”、城市服务情景交融个性主动“一站式”，为智慧城市的创新发展提供不竭动力。

从数字孪生城市与智慧城市的关系来看，智慧城市是内涵最丰富的概念。城市要真正实现大智慧，路还很长，任重道远。一方面，数字孪生城市是实现新型智慧城市的一种路径。数字孪生城市本质上是一种技术创新，或者说是智慧城市的一种实现方式，是智慧城市多条发展路径中的其中一条，即用全局的视角、一体化的模式智能操控城市的整体运行发展。另一方面，数字孪生城市也是城市数字化转型的理想目标，是构建真正意义上智慧城市的基础起点。数字孪生城市可以看作智慧城市在技术赋能上的核心支撑，也可理解为智慧城市基础设施的升级版，旨在为城市的虚实融合、智能运行创造优越的环境条件。

一场深层次的城市革命

从城市到智慧城市，是一次革命，这次革命将新一代信息通信技术与城市发展深度融合，形成智慧高效、充满活力、精准治理、安全有序、人与自然和谐相处的城市发展新形态和新模式，引领城市高质量发展。那么从智慧城市到数字孪生城市，又是一次深层次革命，这次革命包含技术革命和管理革命两个部分，并由技术革命倒逼管理革命，由数字孪生技术应用引发的城市治理结构和治理规则的变化将不啻为一场“海啸”。

关于技术革命。无论是传统智慧城市，还是新型智慧城市，均以新一代信息技术与城市治理和公共服务深度融合为主线，推进无处不在的惠民服务、透明高效的在线政府、精细精准的城市治理、融合创新的数字经济以及自主可控的安全防护五大核心要务。虽然在实施推进中强调从理念、模式到技术、机制的全面创新，但实际上当前绝大部分智慧城市建设走的还是边做行业信息化、边进行横向整合以及业务协同的路子，一些新城新区则吸取经验，先集约打造云计算中心、运营中心、大数据平台等基础设施和共性能力，再开发建设行业应用系统。

这两种建设方式，虽然都体现了信息化建设从孤岛离散式向集约共享式转变的趋势，但本质上依然是软件与服务器的物理堆砌，没有形成与城市“一盘棋”管理相对应的紧耦合一体化技术架构和强有力的智能化环境支撑手段。城市信息化建设从离散式向集约式转变如图 4-5 所示。

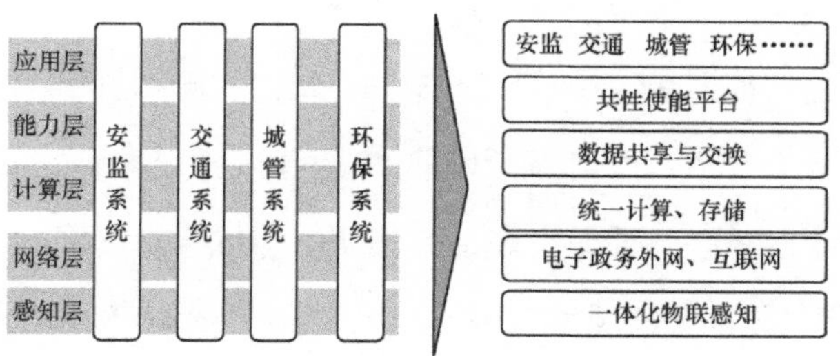

图 4-5 城市信息化建设从离散式向集约式转变

相比传统的建设方式，我们可以看出，数字孪生城市综合运用信息技术和部分行业技术，以多学科技术的化学聚变反应，“点石成金”打造城市的数字底板，实现了以多源数据融合可视化的城市信息模型为核心，以全域部署的智能设施和感知体系为前提，以支撑虚实交互毫秒级响应的极速网络为保障，以实现虚实融合智能操控的城市大脑为重点的 One ICT 的技术总体架构，构建了一个与物理城市孪生并行的数字城市。模型、数据、软件、泛智能基础设施化整为零如图 4-6 所示。

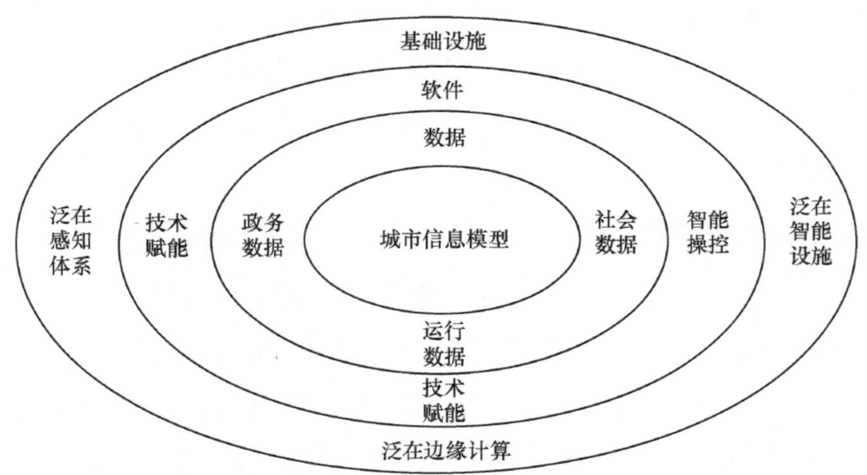

图 4-6　模型、数据、软件、泛智能基础设施化整为零

由模型叠加数据和软件以及外围泛智能化设施构建的化整为零的数字孪生城市，完全打破了智慧城市以往 IT 组件式物理堆砌的架构方式，从根本上打破了地域、行业壁垒和信息藩篱，数字化、网络化、智能化从局部小范围转变为全领域大规模，从各部门分散无序转变为集成协同，各领域信息化程度从深浅不一走向均衡同步，使智慧城市苦心孤诣的“三

融五跨”终于成为现实，为城市现代化治理体系和现代化经济体系的建设发展创造了优越环境。

倒逼管理革命。数字孪生城市由融合一体化的技术架构来建设，在城市治理方面有几个得天独厚的优势：一是提供全景视角，城市多维度观测和全量数据分析，可全景深度透视，抓取城市体征，洞察城市运行规律，从而支撑城市精准施策；二是增进精细管理，360°无死角监测监控，空、天、地全域立体感知，城市脉搏和呼吸尽在掌握，前后端扁平化洞穿，城市治理能够在运筹帷幄之中决胜于千里之外；三是提供协同手段，突发事件应急反应，全域协调联动，就近调度资源；四是促进科学决策，对城市发展态势提前推演预判，以数据驱动决策，以仿真验证决策，线上、线下虚实迭代，最优配置资源和能力，城市最优化运行。

数字孪生城市这种跨区域、跨部门、跨行业高效协同全景式集中化的城市管理模式，与当前城市治理多头并举、条块分割、效率低下的管理方式具有天壤之别，因此数字孪生城市从技术和管理两个方面，为新型智慧城市建设提供了一种新理念、新思路、新途径，可能引发对现有城市治理结构和治理规则更深层次的变革。

可以预见的是，为适应数字孪生城市的“一盘棋”管理模式，未来的政府部门职能将做进一步调整：**一方面，城市管理相关部门可能合并实行大部制，以城市大脑为抓手展开城市治理；另一方面，政府部门的人员也将进一步分化为虚实两大类职能，即一部分人员在数字城市虚拟空间围绕数据进行城市管理和发展决策，另一部分则聚焦现实城市物理空间，在现场从事执法、调研、巡视等相关工作。**

作为数字孪生城市重要组成的城市大脑，其专业、高效的运营能力，决定了数字孪生城市的可持续发展水平。城市大脑的运营不能简单依赖政府部门的力量，而应联合社会各界力量汇聚众智，组建集政府管理、业务运营、平台运营、数据运营、安全运营于一体的数字孪生城市治理专业化运营队伍，建立长效运营机制，以管理“一盘棋”、服务“一站式”为原则，制定城市运行相关的业务应用、平台运营、数据运营、技术支撑等流程和规范，明确数据资源高度共享与高效利用的法律法规，最大限度地释放数字孪生技术红利，推动城市向高度智能的现代化治理体系演进。城市大脑的运营示意如图 4-7 所示。

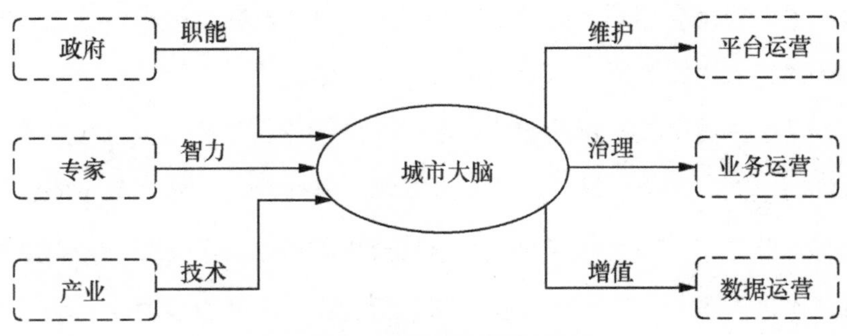

图 4-7　城市大脑的运营示意

数字孪生城市的“红”与“黑”

当前，作为智慧城市建设的一种先进理念和方式，数字孪生城市得到了各省市政府和市场的高度认可，各地纷纷提出以数字孪生模式进行智慧城市的规划建设。同时，数字孪生城市在产业界也引起了巨大反响，为产业界的创新发展指明了重要方向。

数字孪生城市的“红”，在于激活庞大的产业链，创造巨大的想象空间。 基于这个新理念、新模式，数字孪生城市正带动更大的产业力量和智力资源协同参与，形成城市级的创新平台，激活拉动整个信息通信产业链以及其他行业资源共同发展。

一方面，从信息通信技术产业看，目前业界已有共识，即数字孪生城市建设可能用到迄今为止所有的信息技术，涵盖新型测绘、地理信息、物联感知、网络通信、三维建模、可视化渲染、虚拟现实、仿真推演、数据挖掘、深度学习、智能控制等，产业链条涉及芯片、模组、终端、设备等制造业以及网络服务、云计算、大数据、软件开发、系统集成、应用服务等服务业，技术门类之多，产业链条之长，实属罕见。数字孪生城市建设涉及的技术门类如图 4-8 所示。

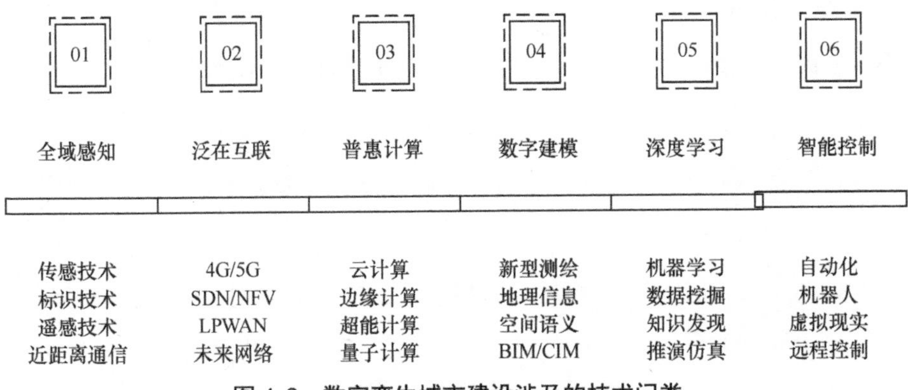

图 4-8 数字孪生城市建设涉及的技术门类

同时，数字孪生城市为一些基础、交叉性技术指明了应用新方向。从事新型测绘、地理信息、高精度地图等研发和产业化的相关企业，将为数字孪生城市提供基础数据和数字底图；从事 3D 建模、BIM 设计、游戏动画制作、可视化、场景渲染、虚拟现实等的企业，将要重点思考如何在数字世界精准映射、准确表达甚至丰富增强物理世界；从事仿真推演、预警预测、数据挖掘、知识发现的相关企业，也将面临在更为全量、实时、动态、异构的城市数据中洞悉规律、优化城市治理的新课题。

数字孪生城市也对这些技术产业提出了更迫切、更严格的要求。例如，进一步缩短地理测绘的周期，提高信息采集更新的频次，加快数据加载与图形渲染的速率，规范数据采集、融合的标准，增强实时数据的分析挖掘能力等。数字孪生城市理念的出现，为智慧城市相关产业提供了一次重新洗牌的机会，未来谁能占据新型智慧城市规划建设和运营的主导地位，新的“独角兽”企业可能就此诞生，让我们拭目以待。

另一方面，数字孪生城市的构建不局限于信息技术，还涉及其他领域的专业技术和行业知识。数字孪生城市在应用层面与许多行业技术密不可分，如城市规划、轨道交通、能源电力、生态环保、防洪抗震、防灾减灾等。例如，交通信号灯配时仿真就要深度应用交通行业的技术和知识。

数字孪生城市的“黑”，在于它一体化、虚实交融理念背后的安全挑战。任何新生事物都有一体两面，数字孪生城市的理念和模式有多先进，其弊端和隐患就有多严重，主要表现为高度集中的技术架构和信息系统、高度集中的数据资源、高度集中的治理和管控对信息安全带来的严峻挑战。因为一旦信息系统被突破或被入侵，城市将遭受灭顶之灾，后果不堪设想。尤其是数字孪生城市核心数据的安全性，将面临前所未有的挑战。

在虚实映射之下，过去、现在、未来，城市运行动态尽在掌握，数据量之大、数据面之广，对低成本采集、高效率传输和安全存储首先构成挑战。数据的分析、挖掘、利用又涉及法律、道德、伦理、规范等一系列问题。例如，数据法律如何设计才能平衡数据开放与隐私保护、合理开发与非法滥用。此外，城市空间布局的千万级规模传感器、遍布的边缘计算设备和庞大的智能化设施，其物理安全以及数据安全应该如何有效保护？要解决好这些问题，人类的智慧都面临挑战。

第五章 Chapter 5 数字孪生城市的五大典型特征

极致可视化：数字城市真实还原物理城市

数字孪生城市最典型、最直观的特征莫过于数字表达的极致可视化，将物理城市 1∶1 还原，不仅是视觉上的 1∶1 还原，而且是对物理城市运行规则的 1∶1 还原，做到表里如一、全息镜像。新型基础测绘成果可为数字孪生城市提供必需的基础空间地图，通过城市虚拟三维建模或实景三维建模，并与基础空间地图地理坐标信息对应，形成数字城市的一张底图，城市里的道路、河流、楼宇、学校、医院、公园、小区等各类实体以及所有设施部件，在数字城市模型中可以逼真再现。

数据采集与可视化展示。数字孪生城市所有的数据均来自真实世界的采集，数据采集包括街景摄像、无人机斜拍、雷达车扫描、卫星地图、GIS 数据、BIM 数据等。这些数据通过机器学习及自动化工具，快速实现 3D 建模，并能实现从 L1～L5 的不同精度类型场景还原。

L1 精度能从形状上区别不同建筑，但从外观颜色等方面，不体现具体差别；L2 精度是在 L1 的基础上，增加了材质、光照等；L3 精度是智慧城市的主打类别，基于 L3 精度建立的城市模型，通过叠加各类数据，包括政务大数据和社会数据资源，以及从传感器实时采集的城市运行动态数据，作为属性加载到各类地理实体，从而实现城市级的可视化运营管理；L4 精度的最大误差在厘米级，AI 训练和仿真就需要在这个精度级别完成；L5 精度能精确到毫米级，满足未来更高阶的智能化运行需求。

特殊场景渲染。除了山川、河流、桥梁、建筑等地理实体的静态可视化展现，城市运行过程中发生的形态变化，包括光线的变化、气流的变化、季节的变化、时间的变化、早晚的变化等，以及各种灾害事件的发生，如火灾、洪水、雷雨等，数字城市都能够根据城市地理信息库、单体资产库以及城市传感器监测、全景视频图像的拼接等各渠道数据分析和 AI 处理，可视化综合渲染不同场景，逼真再现灾害发生时的景象，实时反映城市的运行状态，为高效的应急管理提供支撑。城市的灯光秀在数字城市可同步呈现炫丽场景，所见即所得。

动态事件呈现。城市中流动的人，道路上奔驰的车辆，根据摄像头的视频数据，路口车辆抓拍数据，ETC 系统的缴费数据，以及人出入时的门禁数据，消费时的支付数据等，通过大数据集成分析，数字城市能够掌握城市中的人流、车流的运动轨迹，并同步再现人、车的流动情景，逼真度超过 90%，方可达到可仿真的水平。

城市运行中发生的各种事件，如楼宇里正在召开的会议、剧场里正在上演的话剧、马路上刚刚发生的一起车辆剐蹭事故等，都可以通过数据涌动进行捕捉，并作为实体的属性之一在数字城市表达或渲染出来。通过数字城市可以完全透视物理城市，使物理城市的前世今生尽在掌握之中，过去可追溯，当下知冷暖，未来可预期，城市精细化管理再也不是空谈。

智能定义：被重塑形态的物理城市

数字孪生城市要想实现对物理城市的精准映射和智能操控，物理城市必须能够可感可控。以泛在标识感知体系、泛在互联接入体系、泛在边缘计算体系以及泛智能化的城市基础设施为要素构建的、面向未来智慧社会发展的新型信息基础设施，将重塑城市物理形态，改变城市风貌，实现智

能定义一切。这些基础设施将作为数字化、网络化、智能化公共服务资源，向全社会有偿或无偿开放，具备泛在普惠、功能强大、随需而变、应时而动、灵活调度的感知能力、接入能力、计算能力、存储能力、执行能力，为政府和各行业开发智能化应用，为科研机构和高校开展科学研究提供强有力的支撑，尽显城市智能。

标识是泛在标识感知体系的重要一环。标识是指城市中的实体，包括各种建筑物、构筑物、设备、城市家具等，它们都有唯一的数字化身份标识，可以是二维码、射频识别或其他编码。标识可以像门牌那样在实体上展现。城市里到处都是标识，标识的背后连着信息和服务。用手机扫描任何一个标识，都可获取相应实体可以公开的信息，有些服务性实体，如体育馆、电影院、医院、景区等，则可以直接进入服务界面，进行查询预订等相关操作。数字化标识使城市中的实体在数字孪生城市中均有唯一身份，有名有姓，是数字世界对物理世界实现精准映射和智能操控的基础，对城市设施的精细化管控以及支撑智能化应用开发、仿真和运行创造了良好条件。

感知是泛在标识感知体系的重心。数字孪生城市改变以往智慧城市建设各行业自建自用感知设施的方式，要求集约部署全要素动态感知的监测体系，以“统一布设、统一采集、统一管理、统一存储、统一利用”为原则，统筹部署视频监控、传感器等各类感知设施，形成集约化、多功能监测体系，满足全方位的监测需求。未来的城市可能出现以下场景。

一是多功能信息杆柱林立，遍布道路、公共场所以及园区、社区，上面部署 LED 路灯、高清摄像头、WLAN 或基站、广告牌、交通指示牌、集成传感器、充电桩和紧急呼叫电话，具有照明、通信、监控、监测、充电、紧急呼叫等功能，通过载体共享节省用地，且所有设备共享能源电力和网络接入，易于管理和维护，而且能美化城市景观。地上是智能化前端设备综合载体的杆柱，地下则是覆盖干道支路的智能管廊，所有管线被纳入廊中，实时监控并在数字城市可视化呈现，确保城市生命线的安全。

二是大大小小的盒子无处不在，不妨称之为感知盒子，小的如魔方，大的类似视频监控箱，大小不一，按需配置，有的盒子挂在杆柱上，有的挂在建筑外墙，有的部署在无人机和特定车辆上，有的嵌入市政设施与其合二为一。这些盒子里可能是检测多个物理量的感知板卡，也可能是下联多个传感器的传感网关，还可能是微基站、摄像头和传感器的综合体，总之是集成化的功能可扩展的感知监测节点，广泛部署于天空、地上、地下、河道等区域，形成无所不在的末端感知能力，如水、电、气一样，成为城市不可或缺的基础资源，为城市运行监测等信息化应用备足资粮。泛在感知体系如图 5-1 所示。

三是无人驾驶公交、无人驾驶环卫车、无人机和各类智能机器人将越来越多地涌现，成为浮动的感知载体、静态的感知盒子，与安装在车辆上的激光雷达、空中的卫星遥感共同构成空、天、地一体化的立体感知体系。

虚实互动离不开物联感知，数字孪生城市建设首先要由实入虚，只有全域传感设施部署和实时信息采集，才能实现两个孪生体之间的精准映射、全息镜像，布下天罗地网，使城市脉搏呼吸尽在掌握。无所不在的感知如图 5-2 所示。

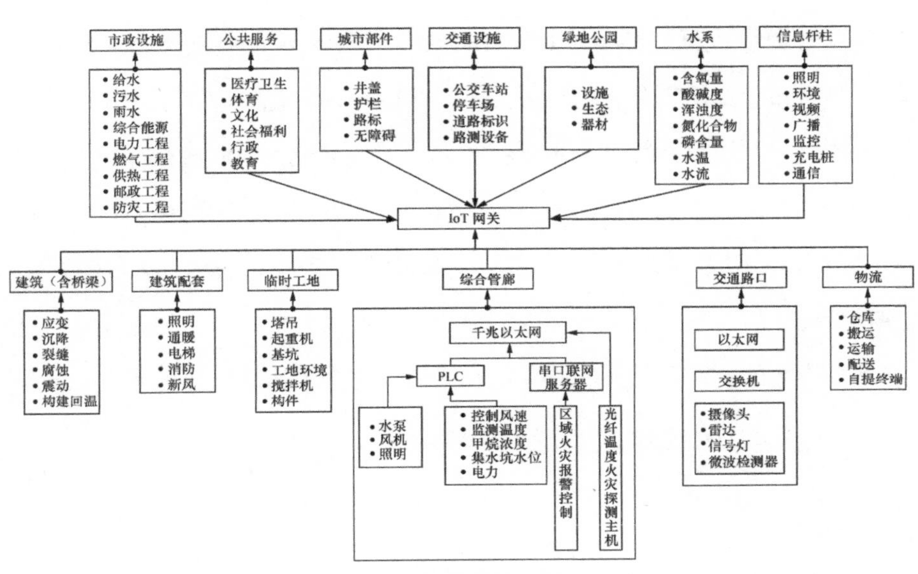

图 5-1　泛在感知体系

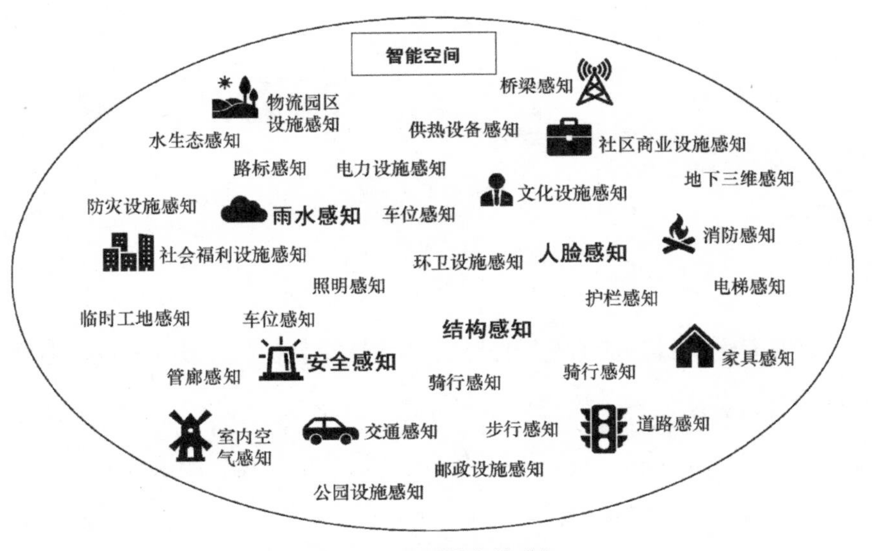

图 5-2　无所不在的感知

泛在边缘计算夯实智能化基础。边缘计算和云计算以及超级计算一样，是城市计算能力和存储能力必不可少的一环，也是数字孪生城市的核心要素之一。边缘计算节点星罗棋布，小型节点设备可以挂在杆柱上或依附于市政设施，中型节点设备一般放置于遍布城市的运营商接入机房，边缘计算节点下联感知盒子、上联云计算中心，为 5G、物联网、车联网、视频智能分析、虚拟现实等庞大的应用市场提供有求必应、随时随地、低成本高可靠的存储和计算服务，以及泛在、安全的边缘计算服务。无所不在的边缘计算如图 5-3 所示。

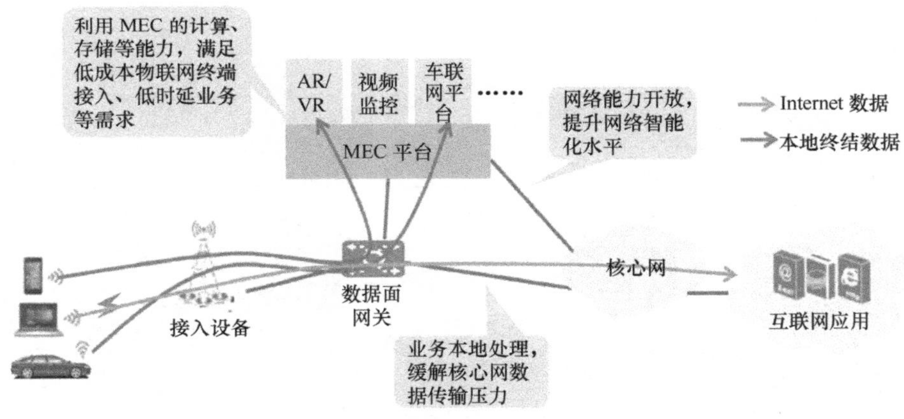

图 5-3　无所不在的边缘计算

泛智能化的城市基础设施催动公共资产数字复兴。城市公共基础设施有很多种，包括信息设施（如指路标志、电话亭、邮箱），卫生设施（如公共卫生间、垃圾箱、饮水器），道路照明和安全设施，娱乐服务设施（如坐具、桌子、游乐器械、售货亭），交通设施（如巴士站点、车棚）、艺术景观设施（如雕塑、艺术品）等，都将从哑终端、哑设施升级为智能化终端和设施，不仅具有唯一的数字身份标识，在城市大脑备案管理，而且有信息服务跟进。此外，感知盒子内嵌或外挂，使其运行状态可被数字城市的城市大脑实时监测，其应用系统与城市大脑相通，可以被城市大脑远程控制启停。无人驾驶汽车、无人机和机器人作为设施智能化的特殊形态，将越来越多地涌现，在城市治理和数字生活的各个方面发挥重要作用。

全景视角：真正意义上的数据驱动治理

城市的基层管理长期靠突击式、运动式执法，部门之间各自为战，掌握的数据互不兼容，城市管理治标不治本。数字孪生城市完全改变了这种方式，真正实现了大数据集成并基于大数据实现高效协同治理。城市基础数据、政务服务业务数据、运行数据等各类数据均以属性的形式，加诸地理实体，而地理实体又加载到城市信息模型，形成模型、实体、数据一体化。不同于常规智慧城市的大数据分析，数字孪生城市的数据分析具有全局性、可视化、与位置关联、支撑仿真试错等特点，将使城市管理服务得到全面升级。

数字孪生城市的数据跨越地域、部门以及行业边界，从全景视角洞察城市的运行态势和运行规律，如人口的流入流出、流动人口的构成、产业的兴衰与变迁、哪些新业态发展迅猛、居民的生活水平和消费能力、人们的出行习惯和兴趣爱好、城市交通的流向、公共服务资源哪些最受欢迎、哪些区域的治安情况较差等。通过城市特征的抽取，管理者能够及时发现痛点问题，掌握发展动向，便于有的放矢、精准施策。例如，通过数据融合分析和挖掘，可以预测公共服务需求并主动提供服务。同时，政府推出的政策和举措会在虚实迭代中通过深度学习不断优化和修正，从而不断提升百姓的幸福感，使城市变得更加美好。

数据驱动的全要素可视化管理。基于全域立体感知体系的监测信息，自动研判城市运行是否健康，出现异常则自动启动预案实现问题联动处置、需求高效应答和资源全域调动。基于全域视频数据和智能视频分析，可自动发现潜在隐患、交通事故、人流骤然密集现象、违规违章事件、环境卫生脏乱差等问题，结合通信基站数据，可以实现特殊人员追踪、车辆轨迹查询等。

视频监控系统不再是几十个割裂的单个画面，而是所见即所得，整个城市进行了完整的 3D 还原，既可以直接从全景视角观看园区的总体人流热力图，也可以直接查看和调取任意位置的详细监控画面。由于监控系统与安保系统做了底层的数据打通，因此针对异常情况，可直接从画面中调集最近的安保人员，安排其前往查看。例如，通过视频发现没有家人看管的学龄前小朋友，在没有围栏的水池边逗留超过 15 秒，智能分析认为有潜在危险，遂通知附近的保安马上到现场带小朋友离开。

柔性仿真：在数字城市试错，在物理城市执行

实时柔性仿真能力将是未来极为重要的能力，它将超越大数据，对真实世界产生更为深远的影响，数字孪生城市的真实价值正在于此。例如，城市早高峰和晚高峰的交通信号灯配时是否合理，是否需要被调整优化？对于这个问题，交通管理部门不可能提出 100 种措施并逐一试错。但在数字孪生城市的仿真系统中，却可以尝试 1000 种，乃至 10000 种方式，

如增改某条道路、设计公交线路、优化信号灯等，让系统找到最优解，让决策变得更科学。再例如，一座城市上调公共停车场收费标准会对交通系统产生什么影响？在规划一座新城时，机场、车站、博物馆等重要基础设施的位置设定将如何影响人流走向，学校、医院、养老院、体育馆的选址是否合理，公共资源的空间布局是否平衡，楼顶太阳能的最大发电量，城市家具的最佳摆放位置，大楼突发火灾楼内 500 人在多长时间可以安全撤离……这些仅凭大数据不足以解决的问题，正是实时仿真大显身手的领域。实时仿真方案如图 5-4 所示。

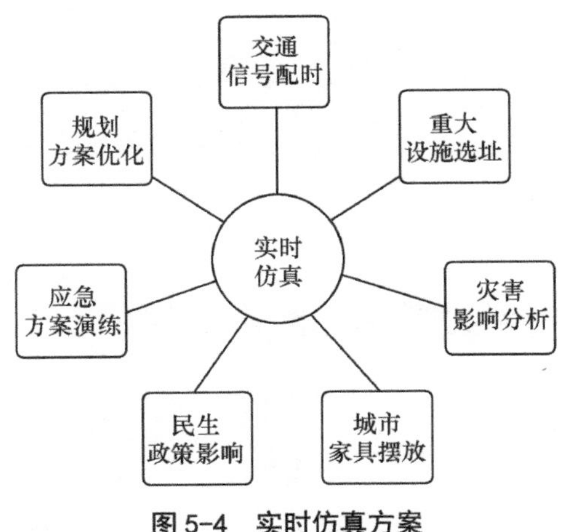

图 5-4　实时仿真方案

在数字孪生城市，实时转化还原基于路侧摄像头的真实的交通数据流，自动生成虚拟交通流，在虚拟环境中实现交通流的镜像还原，目前可以做到还原匹配度高达 90%。将非结构化视频数据转化为可追踪和分析的结构化数据，为交通的实时预测以及科学决策提供模型依据，由此实现提前预警、实时应对、决策分析及规划优化。

通过在“数字孪生城市”实现城市规划建设管理的模拟仿真，对城市可能产生的不良影响、矛盾冲突、潜在危险提前预判、智能预警，并制定合理可行的对策建议和相应预案，以未来视角智能干预城市原有的发展轨迹和运行，进而指引和优化实体城市的规划、建设、管理，改善市民服务供给，增强市民幸福感，赋予城市生活“智慧”。

无论是应用在无人驾驶训练、交通流预测上的实时仿真，还是城市“规建管”应用的仿真，都是在不断融入越来越多的数据中，让操控、训练和模拟变得更加真实、准确。同时，这样一个集极致可视化和实时仿真于一体的环境，也在不断进行自我学习，通过数据的不断扩展丰富变得更加聪明，变得具有自生长、自优化的能力，功能越来越强大，最终实现城市级大系统仿真和大规模场景预测推演，实现更多在当前真实世界中不可想象的创造。

孵化创新：城市级试验场和创新平台

数字孪生城市不仅是用于智慧城市治理的平台，更重要的是这个虚拟平台汇聚了海量的数据资源和几乎全部的技术资源，如果将数据、技术和能力开放出来，将为城市中的各类主体，如管理者、市民、企业等提供价值巨大的创新平台，支撑实现之前在真实世界不可想象的发明创造，大量新应用、新业态、新模式、新体验将涌现，虚实融合打开了一扇通向新世界的智慧大门。

数字孪生城市一方面集成了地理信息、政务数据、部件数据、事件数据、运行感知数据、社会数据等城市所有静态的动态数据；另一方面则汇聚了测绘和地理信息技术、传感和计算技术、大数据和人工智能技术、虚拟现实和可视化技术、控制技术和仿真技术等新一代信息技术。海量的数据和全方位的技术相结合，聚变出数据采集、数据集成、数据建模、数据可视化、数据仿真等主要能力，为各行各业开展规划建设、管理、服务以及技术创新提供了虚拟仿真、数据服务等全方位支撑。数字孪生城市依托数据和技术打造能力开放平台如图 5-5 所示。

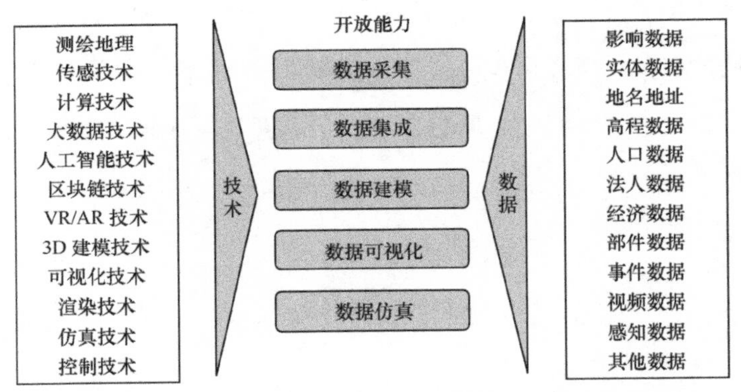

图 5-5 数字孪生城市依托数据和技术打造能力开放平台

未来的城市治理，将向全民参与共建、共治、共享的社会治理格局演进，数字孪生城市以虚拟服务现实的能力，为各种社会力量和各类市场主体在社会服务中发挥积极作用，在基层社会治理中发展基层自治能力以及全民共享治理成果创造了条件与空间。

未来的服务创新，通过服务场所、服务主体、服务内容等全方位的数字孪生体构建，向虚拟服务转变，如虚拟医院、虚拟课堂、虚拟养老院、虚拟大剧院等，服务的虚拟化可以有效缓解我国公共服务资源不平衡、不充分的问题。此外，数字孪生城市通过对市民的行为、兴趣爱好甚至三观进行精准画像，可以在工作、生活、娱乐、休闲等方面提供个性化服务，给迷茫的人以指引，给困境中的人以救助，给需要帮助的人以帮助，使社会更加和谐安定，使每个人能够心想事成，这将增强人们的幸福感和获得感。

此外，数字孪生城市将培育面向城市管理、公共服务、产业发展和科技创新提供专业化高质量服务的数据服务新业态。例如，利用城市地理信息、三维模型资产信息、物联网信息和环境信息，为各行各业提供第三方的数据集成服务、场景可视化服务、数据可视化服务、仿真服务、云渲染服务等，新业态培育对于发展数字经济、促进创新创业、刺激信息消费具有重要意义。

第六章 Chapter 6 数字孪生城市的技术要素

数字孪生城市以地理测绘信息和一体化感知监测体系为基础，以支撑泛在接入万物互联的网络设施为保障，以全域实景三维建模的数字孪生模型为城市信息集成展示平台和城市可视化管理载体，以全域全量的数据资源体系（数据）、高性能的协同计算（算力）、深度学习的机器智能软件（算法）为城市信息中枢，智能操控城市治理、民生服务、产业发展等各个系统协同高效运转，形成一种自我优化、内生发展的智能运行模式，实现“全域立体感知、万物可信互联、泛在普惠计算、智能定义一切、数据驱动决策”。数字孪生城市八大基本组成要素如图 6-1 所示。

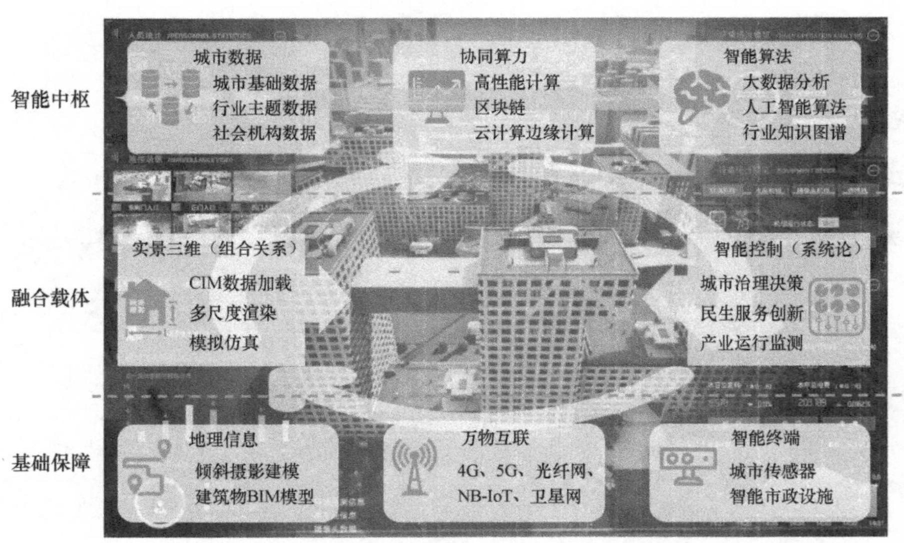

图 6-1　数字孪生城市八大基本组成要素

新型测绘：地理实体信息实时更新秒级加载

地理信息测绘是构建数字孪生城市空间模型的关键基础，是表达空间

位置关系的基础。城市信息大多数都与空间位置和定位有关，地理信息测绘技术广泛应用于城市交通、规划、应急、环保等各行各业。**数字航空数码摄影是构建城市智能化大比例尺数字地面模型的关键，**作为DLG数字高程模型的主要数据来源。**低空无人机是现代空间技术低空飞行的主要测量手段，**低空测量可以获取高分辨率图像，充分利用图像数据的多种功能。低角度高分辨率遥感影像是城市景观纹理信息的主要来源。**倾斜摄影技术将传统航空摄影与地面采集技术相结合，**弥补传统航空摄影技术影像的不足，更准确地反映拍摄物体的实际情况，提高数据采集的效率。

案例

泰瑞数创基于倾斜摄影技术的城市三维重建

PhotoMesh作为一款倾斜摄影建模软件，通过第三方空中三角测量数据导入、多层级自动特征提取、加载全景视频、高密度点云匹配等操作，自动建模还原出区域全景三维模型。全景三维模型示意如图6-2所示。

倾斜影像数据

PhotoMesh 自动建模工具

全景真三维模型数据

图6-2 全景三维模型示意

全域智能：智能感知体系“读写”真实城市

全域数字化标识是万物互联的基础，是数字孪生城市构建的前提条件，是数字空间中用于区分实体身份的基础信息。数字孪生城市模型是一个实现物理世界与数字世界完全对应、融合和演进，并驱动整个世界数字化、智能化的过程。为了给城市构建准确的数字孪生模型，实现数字信息和实体之间的精准匹配、建立连接和管理控制，数字化标识城市的每个实体是必然趋势。在城市范围内，所有智能终端具备唯一的全局身份标识，类似于人的身份证号，在数字孪生城市中作为唯一索引，记录智能终端所有的身份信息，便于数据实时采集、反馈和终端的远程操控。

案例

基于北斗网格码建立的标识体系

基于国家“973”项目“全球空天信息剖分组织机理与应用方法研究”，全球剖分网格编码标准通过三次地球经纬度空间扩展（将地球地理空间扩展为512°、将1°扩展为64′、将1′扩展为64″），实现整度、整分、整秒的八叉树剖分，形成一个外至地球50000千米空间，下至地心，最小粒度可到厘米级的全球剖分网格框架，同时涵盖4°、2°、1°、2′、1′、2″、1″、0.5″ 8个形成测绘、气象、海洋等图幅的基本网格单元。数据标识由北斗全球时空网格编码、时间码、物体识别码共同组成。基于北斗网格码的标识体系如图6–3所示。

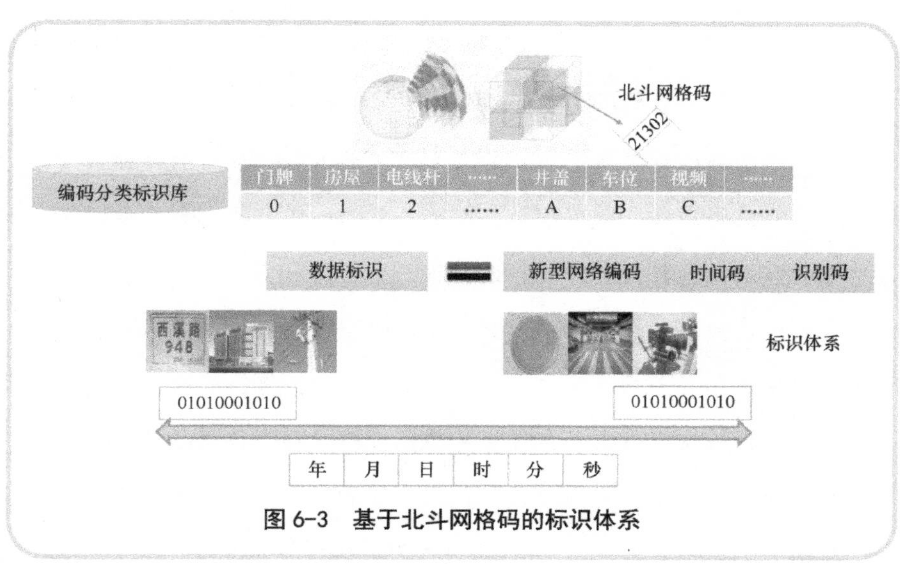

图 6-3　基于北斗网格码的标识体系

一体化感知监测体系是万物感知、万物互联、万物智能的通道、入口和“神经系统”，是数字孪生城市实现物理世界到虚拟世界转化的“连接器”。一体化感知监测体系主要包括感知设备、感知网络、感知平台等，设备层由包含物联网感知模块的智能终端组成，成为设备数据源；网络层建立极速传输网络，为城市各类传感设备提供更深、更广的网络覆盖，更可靠、更大量的并行连接，使感知数据可以从设备层高速传输到平台层；平台层汇聚所有感知数据，为城市大数据分析洞察提供支撑，进而为城市治理、民生服务、产业发展等提供综合数据服务。一体化感知监测体系在全域终端数字化标识体系下，通过感知器件和互联互通设施，感知和传送城市环境、城市部件等监控对象的状态信息，并实现受控的反向的远程控制，最终实现物理空间和数字空间的双向映射，达到万物互联、虚实交融的效果。

案例

中电海康物联网（IoT）平台架构

中电海康物联网平台架构共分为4层：第一层为感知对象接入层，包括设备、城市设施、人员、车辆、环境等；第二层为设备接入层，包括设备接入、设备协同、数据解析、数据共享等功能，涉及协议适配、接口适配、插件适配等适配技术；第三层为设备管理和服务层，包括设备远程运维、数据清洗引擎、告警引擎、监控日志、数据发布服务等功能；第四层为行业应用层，即面向安防、交通、照明、楼宇、农业、工厂、社区等领域的智能应用。中电海康物联网（IoT）平台架构如图6-4所示。

图6-4　中电海康物联网（IoT）平台架构

万物互联：泛在高速网络“连接”两个城市

为支撑数字孪生城市的高效运行，满足城市各类智能化运行场景需求，保障城市全域空间布局的智能化设施感知信息流动，只有建设地上地下全通达、有线无线全接入、万物互联全感知的数字孪生城市极速专网，才能适应数字城市与物理城市虚实交互、孪生并行的毫秒级响应。

泛在高速、多网协同的网络接入服务是“连接”真实世界与虚拟世界的保障，为实现万物互联奠定了基础。泛在高速、多网协同的网络接入服务通过4G、5G、WLAN、NB-IoT、eMTC等多种网络相互补充部署，实现基于虚拟化、云化技术的立体无缝覆盖，提供无线感知、移动宽带和万物互联的接入服务，支撑新一代移动通信网络在垂直行业的融合应用。泛在高速、多网协同的网络接入服务综合利用新型信息网络技术，发挥空、天、地信息技术的各自优势，通过多维信息的有效获取、协同、传输和汇聚，以及资源的统筹处理、任务的分发、动作的组织和管理，实现时空复杂网络的一体化综合处理和最大化有效利用，为各类不同用户提供实时、可靠、按需服务的泛在、机动、高效、智能、协作的信息基础设施和决策支持系统。万物互联的泛在无线接入网络如图6-5所示。

数字孪生城市提出网络新需求。从安全、效率、成本3个方面考虑建立数字孪生城市极速专网。数字孪生城市提供了基于虚实融合技术能力的管理“一盘棋”、服务“一站式”的模式，这种模式与传统的智慧城市相比，有3个突出的特点。

一是对于安全性有着更严苛的要求，必须保证网络和信息的绝对安全，否则将可能使整个城市遭受毁灭性打击；二是物理世界与数字世界的虚实之间必须实现毫秒级响应，要求网络传输高带宽、低时延，网络资源虚拟化按需配置，可灵活调度和弹性组网，支持政府跨部门调拨公共资源、突发事件中的联动响应，以及应急抢险的及时性和准确性，满足城市管理和服务的高效率要求；三是满足百万、千万级传感器和智能化设施的接入要求，海量的感知数据采集以及城市运行、政务服务、产业发展、管理控制等信息传输将带来巨大的通信传输成本。

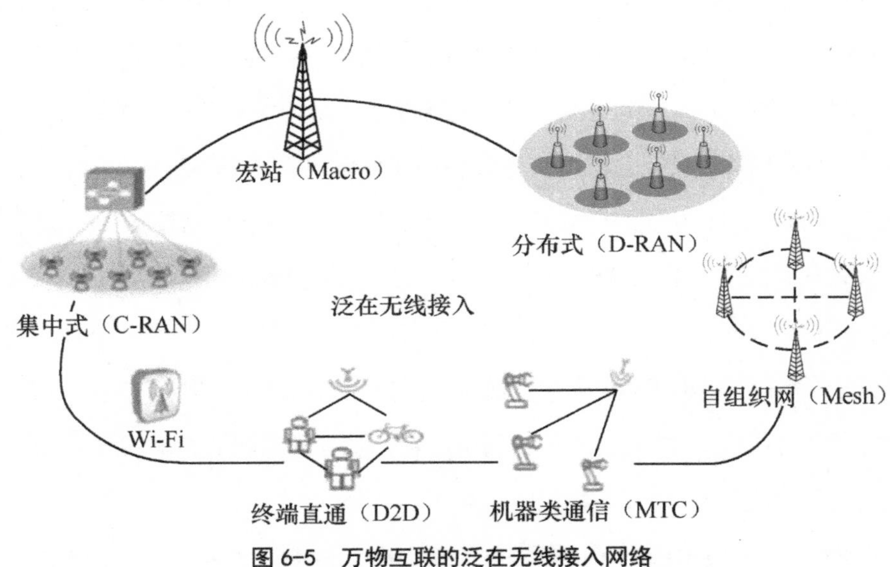

图 6-5 万物互联的泛在无线接入网络

因此，从安全、效率、成本 3 个方面考虑，必须建立数字孪生城市极速专网，在以往的信息化建设中政府各部门分别租用运营商专线的方式已不能满足需求。极速专网对于数字孪生城市的成败起到举足轻重的作用。

城市极速专网具有六大功能和优势：一是综合接入功能，提供包含宽带无线网、宽带有线网、视频监控、应急通信、政务外网等专业服务，帮助政府提高城市管理的运营效率、解决各种环境下的网络部署问题；二是融合指挥功能，借助极速专网，尤其是无线专网，实现跨部门、委办的指挥通信；三是感知数据传输功能，面向城市中无所不在的传感设备和智能化设施，采集传输动态运行数据，汇入城市数据资源体系，从而使城市大脑对包括民生、环保、公共安全、城市服务、工商业活动在内的各种需求做出智能响应；四是专网专用，为用户提供更流畅的网络体验，避免公网环境下用户数陡增导致的网络拥塞，同时可让用户根据需要自主选择网络建设的疏密及带宽大小；五是网络基础资源共享，提高利用效率，避免重复建设及租赁带来的资源浪费；六是物理隔离，提高安全性，从接入到传输的物理隔离，降低了网络被非法入侵的风险。极速专网使数字世界与物理世界紧密连接，为城市管理以及人们生产生活方式的改变带来了深远的影响。

实景三维：数字孪生模型“描绘”前世今生

数字孪生城市模型是城市统一的“展示窗口”和“决策中心”。通过加载全域全量的数据资源构建城市多维数据空间，利用 GIS 系统实现城市从地下到地上的地理信息的数字化，利用 BIM 和 CIM 模型构建城市的三维数据空间画像；同时，整合城市遥感、北斗导航、地理测绘信息、智能建筑等城市空间数据，在数字空间模拟仿真组建出虚实映射的数字孪生城市模型。

数字孪生城市模型集中可视化呈现全域智能终端信息、城市运行效果、

所有决策效果等，并且可通过操控系统远程控制城市的运行状态。简而言之，是在万物互联、万物感知、万物智能的基础上，打破传统设计规则，在静止的二维平面中加入动态演示与模拟，由形态上的平面化、静态化开始逐渐向动态化、立体化、智能化延伸。

建立数字孪生城市模型需要 3 个步骤，分别为数据采集、数据建模、数据呈现与渲染。

数据采集主要包括静态数据和动态数据。静态数据有 GIS 数据（地理信息数据）、OSM 数据（开源街景数据）、栅格化数据等，如道路长度、建筑高度、实体属性等。动态数据主要来源于城市一体化物联网感知平台所收集的实时运行监测数据，如在时间坐标上的空气指数、交通流量、行人轨迹等。

数据建模主要是基于城市 GIS 地图，利用建模技术，按照地形层、道路层、建筑层、绿化层、水域层等顺序逐层加载信息组建而成的，并对建筑物、桥梁、停车场、绿地等城市部件进行单体化、语义化处理。

数据呈现与渲染主要是对模型的数据加载模拟和真实效果渲染。例如，通过图形学技术，实时模拟光源、聚光灯、天光等多种光源类型；根据天气动态数据，如云层高度、风向、边缘噪波尺寸等，对阴、晴、雨、雪等多种真实天气进行模拟；运用动态光追踪距离场阴影技术，实时计算阴影状态，最终模拟还原物理世界的运行情况。数字孪生城市模型技术架构如图 6–6 所示。

上述的 3 个步骤，都将在数字孪生城市的信息系统（云计算平台）中实现，最终通过城市大脑，以 SaaS 平台的形式，向城市管理者提供城市决策、城市管理等服务；以 PaaS 平台的形式，向行业、企业和个体开发者提供数据服务、仿真服务、场景服务等各种服务。

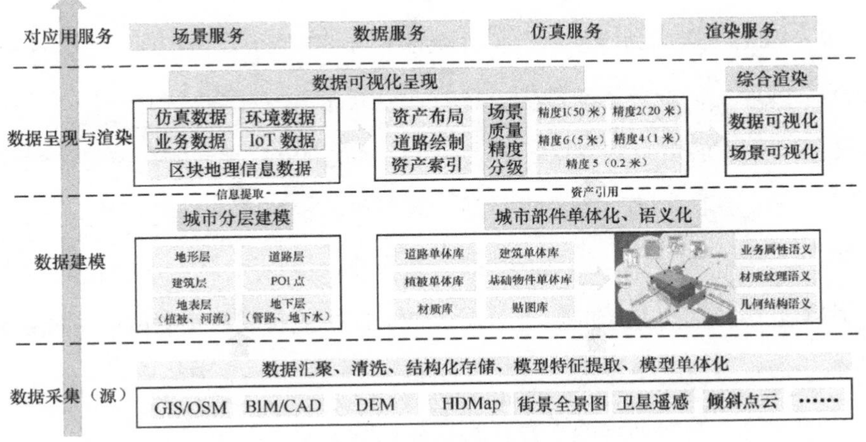

图 6-6 数字孪生城市模型技术架构

多维数据：全域全量数据资源作为基础资产

多元数据主要包括 3 个方面：**一是城市语义信息，**即城市全要素语义化，将其几何属性、自然属性、社会属性以数据形式表征，被计算机所理解，形成统一的城市知识图谱；**二是政府部门掌握的信息，**如产权、户籍、社保、法人、纳税、教育、医疗、交通、电信等，据统计，80% 的信息与空间地理相关；**三是城市运行产生的大量数据，**如路况信息、导航信息、气象信息、车辆轨迹、人口流动等，将物联网、传感器、监控点等城市实时运行多源异构数据通过语义与空间数据进行时空上的聚合，并向各政府部门和社会企事业单位提供基础服务，突破传统的时空云走不出政府应用的困境。

全域全量的城市数据是数字孪生城市构建的基础，为深度学习、自我优化功能提供"数据"要素（城市智能中枢三大要素之一）。在数字化标识和一体化感知监测体系下，整合城市基础数据资源、城市运行实时感知数据、政府部门业务系统数据、各行业以及第三方社会机构数据资源等多元数据，形成城市全域数据，如基于统一物联网感知平台的智能终端数据、基于卫星遥感的城市地理信息、基于各种传感设施的设备运行数据、面向手机和车辆等移动设备的动态数据、基于政府信息系统的业务数据、基于公用事业单位信息系统的业务数据、基于通信运营商和互联网服务提供商等商业信息系统的数据等。

通过统一的数据管理平台，实现数据的采集、汇集、清洗、分类、开放、共享等，实现城市范围内的数据的一致性保障、可靠性保证、快速定位和高效获取，为高效决策奠定数据基础。数字孪生城市全域全量数据资源体系如图 6-7 所示。

协同计算：高性能算力提供效率保障

高性能的协同计算是数字孪生城市构建的效率保障，为深度学习自我优化功能提供"算力"要素（城市信息中枢三大要素之一）。在数字孪生城市模式下，城市实现高度数字化，同时产生海量数据资源，高性能的协同计算将提供算力支撑，主要包括强大的超级计算中心、云计算中心和边缘计算中心，在城市的所有网络节点中根据需求部署云计算中心和边缘计算设施，为孪生城市的高效运行提供运行决策。

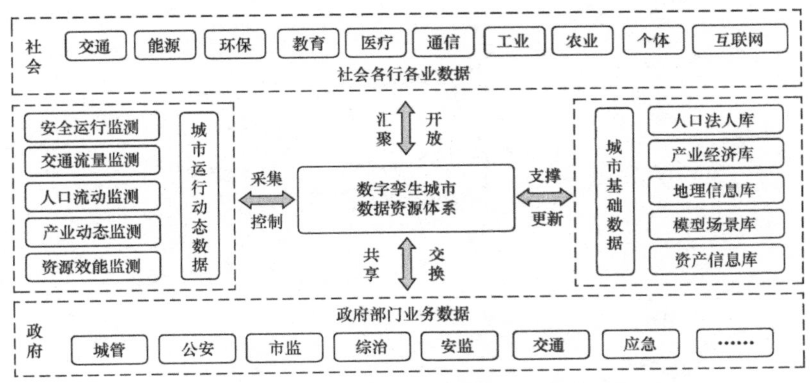

图 6-7　数字孪生城市全域全量数据资源体系

在数字孪生城市中，面向物联网、大流量等场景，为了满足更广连接、更低时延、更好控制等需求，云计算向一种更加全局化的分布式节点组合形态进阶，边缘计算是其向边缘侧分布式拓展的新触角，云计算与边缘计算通过紧密协同满足各种需求场景，从而最大化地发挥云边协同的计算价值。同时，从边缘计算的特点出发，实时或更快速地进行数据处理和分析，节省网络流量，可离线运行并支持断点续传，这些优势在应用云边协同的各个场景中都有着充分的体现。

以自动驾驶为例，通过车辆获得的车辆周边感知数据和车路协同基础设施获得的路况数据，在边缘计算中心进行环境理解、导航规划、高精地图更新等数据处理及决策，然后在交通部门的云计算中心进行交通指挥控制。云边高性能协同计算架构如图 6-8 所示。

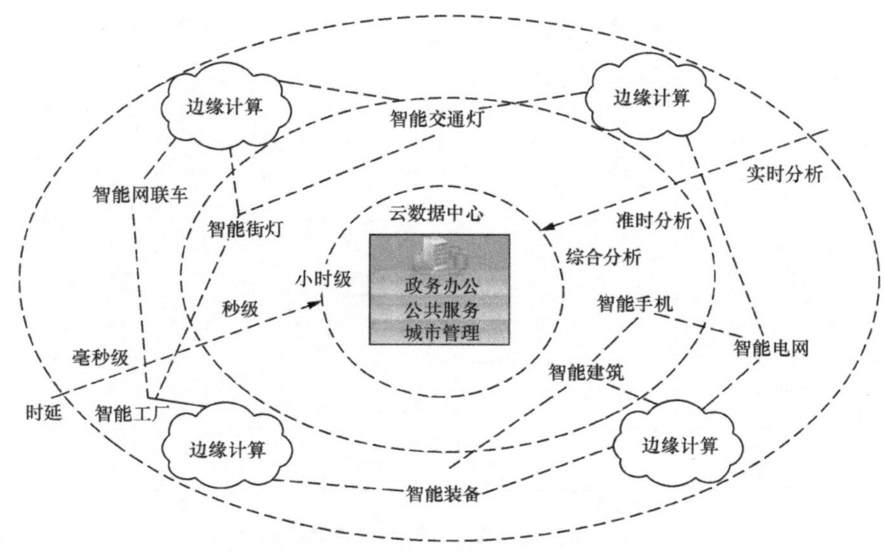

图 6-8　云边高性能协同计算架构

深度学习：城市智慧大脑“演绎”运行决策

深度学习的机器智能平台是数字孪生城市构建的运行决策保障，为深度学习自我优化功能提供“算法”要素（城市信息中枢三大要素之一）。基于海量“数据”和高性能“算力”，全面构建融合大数据、人工智能、区块链等先进技术引领的深度学习机器智能平台，应用机器学习、深度学习等机器智能算法，更好地实现有效采样、模式识别、知识发现和规划决策，将人类智能和机器智能相结合，把专业经验和数据科学有机融合，利用机器学习驱动的交互可视分析方法迭代演进，不断优化，提升智能算法执行的效率和性能，保证数据决策的有效性和高效性，以适应不断变化的城市服务场景。例如，运用大数据技术推动政企协同、定制化数据开发、大数据公共服务等使能；运用人工智能技术提供人工智能基础服务、自主无人系统智能支撑、群体智能服务等使能服务；运用区块链技术，提供基础数据安全可信的共享开放、简化金融物流供应链等业务流程等定制化区块链服务。

案例

百度人工智能开放平台主要能力

百度面向开发者搭建人工智能开放平台，目前发布 3.0 版本，具备语音识别、语音合成、智能呼叫中心、语音搜索解决方案、文字识别、图像搜索、图像识别、图像处理、人体分析、人脸识别、图像审核、语言处理基础技术、机器人视觉、增强现实等 60 多种应用场景的人工智能分析能力。百度人工智能开放平台如图 6-9 所示。

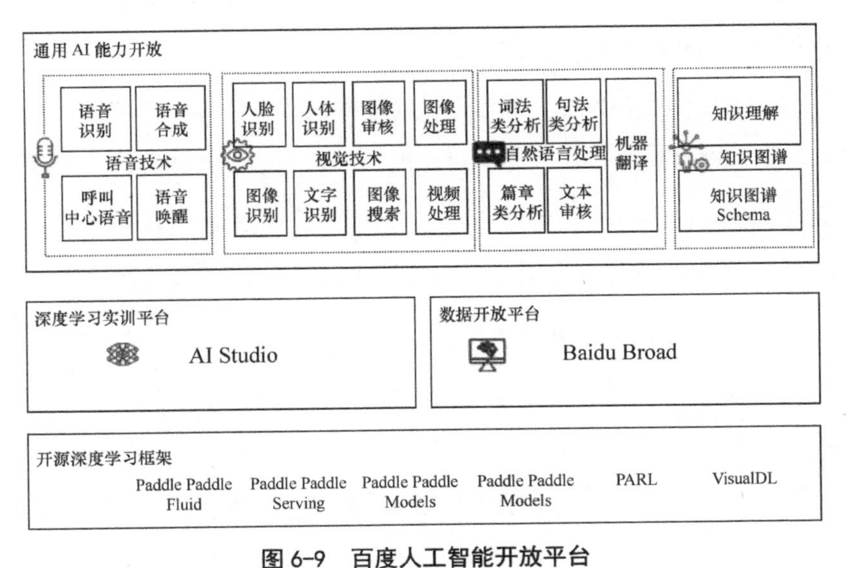

图 6-9　百度人工智能开放平台

智能控制：运筹帷幄之中，决胜千里之外

对现实智能操控的应用体系是数字孪生城市的“总控开关”和“指挥中心”。应用体系全面集成城管、应急、安全、交通、环保、能源等系统，形成集城市运行态势监控、灾害预警、应急指挥、信息发布等功能于一体的数字孪生城市总控平台、运行指挥平台，在深度学习、仿真决策的基础上，实现城市资源的最优化配置和城市治理服务的智能化运转。

智能操控体系是数字孪生城市实现“由虚入实”的重要环节，它通过城市大脑实现全域设施智能化控制，使智能市政设施、交通设施、行业设施、无人机、无人车等前端设备达到扁平化的远程控制效果。智能操控体系在线上进行预演与操控，可根据全量大数据分析，自动触发相应预案，并根据操控效果不断优化操控预案。

智能操控体系和数据资源体系一起被嵌入数字孪生城市模型中，使模型、数据、软件融为一体，实现对城市的“一盘棋”治理。智能操控软件部署在数字孪生城市大脑中，以 SaaS 平台的形式服务于城市的智能化运行。以交通信号灯优先级机制（TSP）举例，为了保证公共汽车乘客快速到达目的地，装载了 TSP 系统的公交车在接近路口时，TSP 会自动索要优先通过权，信号灯会随即反应并做出相应改变，减少红灯时间或延长绿灯时间，提高公共汽车的路口通过率。

在数字孪生城市中，所有的现实场景都将在网络空间拥有相应的虚拟场景，应用体系对现实世界的控制，如交通信号灯的控制、远程开关照明路灯、远程开关风电机组等，由应用系统在虚拟世界发出指令，在现实世

界中执行，而现实世界完成指令后的状态同时又在虚拟世界中可视化展现。基于泛在接入以及虚实互动毫秒级响应的极速网络，实现了两个世界的同步变化，突破了时空的界限。

智能操控体系从城市管理的角度对自动化技术、控制技术提出了新的要求，城市管理的复杂性，设施设备的多样性，系统之间的关联性，大规模、低时延、实时响应、协同联动，对自动化技术、控制技术的功能和性能两个方面提出了不同于行业领域的更高要求，将促进这些技术的演进发展，为其提供广阔的发展空间。

第三篇　应用方向

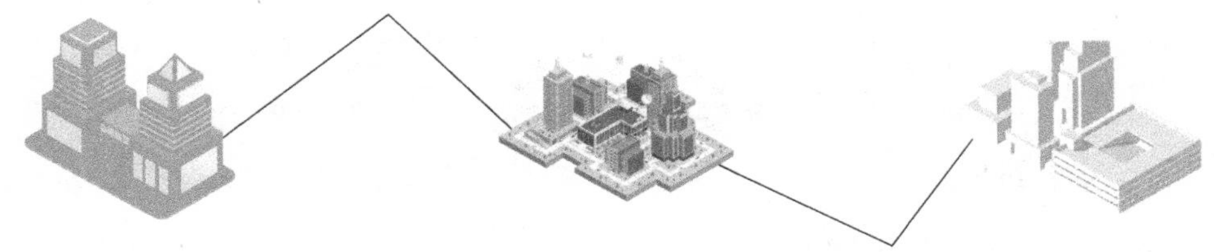

第七章 Chapter 7 城市规划：通过实时仿真少走弯路不留遗憾

通过构建数字孪生城市模型，可以支持城市规划设计的模拟仿真与推演，从而实现规划方案的最优设计。在新城新区规划前，数字孪生城市的可视化图形展现能力可较早还原规划目标效果，助力“一张蓝图绘到底”，实现质量变革；在已有城市的基础上规划时，数字孪生城市的模拟推演仿真能力，可实时呈现新规划内容要素对城市运行效果的影响，制定最优化规划决策方案，实现动力变革；在城市规划的方法上，数字孪生城市的数字空间组件组装能力，可提高规划效率，实现效率变革。

质量变革：推动实现“一张蓝图绘到底”

1998 年，我国城镇化率仅 33.3%，2008 年达到 46.9%，2018 年达到 59.6%，我们正在经历全球最快速的城镇化进程。与此同时，“拉链式道路”“鬼城”“烂尾城区”等一幕幕场景也伴随着城镇化的步伐在城市中出现。如何有效避免频繁重建我们的城市，避免规划走“弯路”已成为城市发展的重要话题。

2017 年 4 月 1 日，中共中央、国务院决定设立河北雄安新区。习近平总书记强调，建设雄安新区是千年大计、国家大事，务必系好新区规划建设的第一粒扣子，雄安新区要“把每一寸土地都规划得清清楚楚后再开工建设，不要留历史遗憾”。直到 2019 年年初，雄安新区近两年“未动一砖一瓦”，可见城市规划对于城市高起点建设、高质量发展的重要性。

数字孪生技术可实现真实世界在数字空间的一一映射，基于数字孪生城市模型，有助于摸清城市家底、把握运行脉搏，在城市规划前期有的放矢、提前布局，通过快速的“假设”分析和发展推演，以更少的成本和更快的速度推动城市规划形成。基于建立科学评估体系和多学科影响模型，计算规划合理，避免不切实际的规划设计浪费时间，防止在验证阶段重新进行设计。

在城市设计阶段，基于数字孪生城市模型进行数值模拟、空间分析和可视化表达，构建工程勘察信息数据库，实现工程勘察信息的有效传递和共享。全面整合导入城乡、土地、生态环境保护、市政等多方规划数据，在数字孪生空间实现合并叠加，解决潜在冲突差异，统一空间边界控制，形成多规合一的“一张蓝图”，以此为基础进行规划评估、多方协同、动态优化与实施监督。在充分保证“一张蓝图”的实时性和有效性的前提下，通过对各种规划方案及结果进行模拟仿真和可视化展示，实现方案的优化和比选。

动力变革：形成“全局最优”规划决策

数字空间制定全局最优化的规划决策。通过建立数字孪生城市模型平台，汇聚更多的城市规划相关数据，如城市静态信息有人口分布密度、绿地面积布局、地理空间位置、房屋布局、道路分布、停车位等信息，城市动态信息有交通流量、实时环境检测、空气动力学、温度变化、人们社交活动等信息。数字孪生城市可以基于全量数据构建各类规划的算法模型，实现全局最优化，如通过模拟仿真、动态评估、深度学习城市规划方案的效果，实现规划不再走弯路；通过交通流量预测，优化管理改善交通状况；通过模拟评估一块绿地对周边环境的影响，制定绿地规划决策。

案例

“虚拟新加坡”平台模拟城市规划

“虚拟新加坡”平台是一个动态三维（3D）城市模型和协同数据平台。在绿地规划中，“虚拟新加坡”平台可以为城市规划者提供有关环境温度和阳光在一天中如何变化的细节。城市规划者可以可视化了解建造新建筑物或设施的效果，例如，裕华庄园的绿色屋顶的设计。针对庄园的温度和光照强度，城市规划者和工程师可以基于平台的热量和噪声覆盖地图，根据自己想设置的条件（上午 / 下午、冬天 / 夏天等指标）进行模拟和建模。城市规划决策者通过虚拟世界的模拟仿真，制定最优的规划决策，进一步帮助规划者为居民创造一个更舒适、更凉爽的生活环境。“虚拟新加坡”平台如图 7-1 所示。

图 7-1 “虚拟新加坡”平台

科学有效地评估城市规划决策效益效果。基于数字孪生城市体系以及可视化系统，以定量与定性方式，建模分析城市交通路况、人流聚集分布、空气质量、水质指标等各维度城市数据，规划决策者和评估者可以快速直观地了解之前的规划决策对城市环境、城市运行等状态的提升效果，评判规划项目的建设效益，实现城市数据挖掘分析，辅助政府在今后规划中的科学决策，避免走弯路和重复低效益建设。

效率变革：开启“积木式”规划新模式

在数字孪生城市模型平台中，城市的一草一木、一砖一瓦皆可实现单体的数字孪生，数字孪生城市实质上是城市所有部件要素的数字孪生集成，城市的一草一木、一砖一瓦相当于一个有空间大小的数据块，集成了该物件的静态和动态属性数据。在城市规划时可实现“积木式”自由组装，模型自动模拟仿真组装后的规划方案效果，尤其是针对新城新区或城市大面积空地的规划，数字孪生城市平台可以作为城市规划的集成工具，类似搭积木式地开展规划布局，极大地提升规划的效率，开创绿色高效规划模式。

案例

Cityzenith 公司的5D智慧世界软件平台

Cityzenith 公司开发了 5D 智慧世界（5D Smart World）软件平台，基于 BIM 建设思路，在城市层面建立 CIM 模型，平台引入了近 100 个不同类别的数据集（组件数据库）。数据库将城市的三维可视化模型与城市内收集的多源数据进行整合、分析，并以用户友好的方式展示，用户可通过网络浏览器直接访问平台，基于数据集开展城市规划。该平台已应用在芝加哥、伦敦、多哈等全球12个国家的100多个城市项目中。

该平台具有以下3个特点：一是高精度显示，地理空间精度公差为1厘米，3D模型动态细节展示；二是采集基础设施、安全、环境等5个重要垂直领域的关键数据集，提供需求定制分析；三是集成实时数据源，如开放数据、物联网设备数据、社交媒体数据等。基于Cityzenith智慧世界软件平台的伦敦智能城市模型如图7-2所示。

图7-2　基于Cityzenith智慧世界软件平台的伦敦智能城市模型

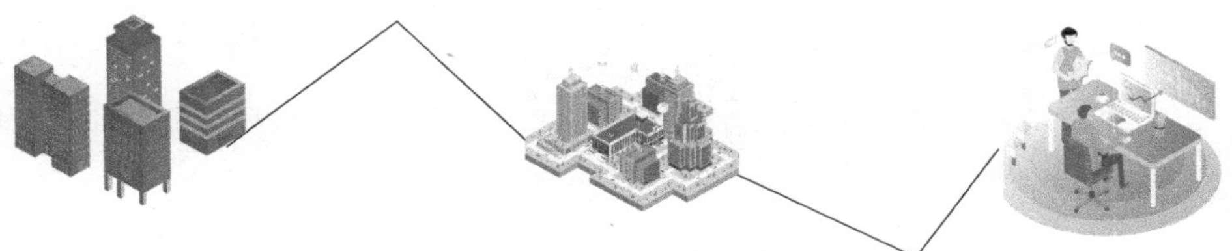

城市建设：变得像搭积木一样简单

随着城市化进程的加快，城市建设的规模和复杂度不断增加，以传统方式开展城市建设变得力不从心，数字孪生城市将有效应对城市建设管理这个难题。

在建设阶段，基于数字模型对工程项目从图纸、施工到竣工交付的全过程进行监管，对重大项目的进度、资金、质量、安全、绿色施工、原材料、劳务和协同协作进行数字化监管，实现动态、集成和可视化施工管理，确保重大工程项目的按时、高质、安全交付。每个在建的建筑和基础设施，都有物理实体和数字虚体，可实时追踪、定位、分析工程施工、交付、监管等环节的质量，实现各建造方的实时沟通、多方协同，建设成果的模型预先比对、实体多轮迭代，确保城市建设的提质降本、绿色低碳、保障安全。

透视每栋城市建筑的纹理

数字孪生技术在建筑领域的应用极大拓展了人类的视野，将相对封闭、隐蔽且重要的建筑内外部细节信息以数字化的方式精准呈现，为政府管理者、建筑开发商、居民用户等开展建设运维、监测监管、保护救援开辟了新的路径和模式。

传统的楼宇建筑是自成一体、独立封闭的空间，建筑图样以二维线条描绘为主，分为平面、剖面、立面等多个分立维度，在未来的数字孪生城市中，各类建筑都会广泛部署传感器、摄像头、红外探测器、门禁、智能水电气表等物联网设备，楼宇建筑的全部运行状态都可以用数据进行量化，通过 BIM、数字虚拟仿真等技术进行三维立体建模并可视化实时呈现，实现“所见即所得”，同时结合地理信息系统（GIS）、大数据分析等技术，即可全方位、全角度、透明化、可视化实时呈现楼宇建筑的全量属性和真实信息，包括城市建筑的空间布局、大小、位置、颜色、光照、设施部件等，并且人与建筑模型之间能够形成互动和反馈。

对于政府部门，数字孪生技术能够让城市管理者看清全市的建筑空间布局，为开展土地规划、审批监管等提供决策依据；对于建筑开发商，可将 BIM 技术用于建筑施工、翻新改造、装饰设计等各个环节，通过模拟仿真看到后期效果，及时修正建设方案，避免施工浪费和工期延长；对于物业公司，依托数字孪生技术能够动态监测空调、电梯、门禁、照明等设施的健康状态；对于公安和消防部门，通过数字孪生模型精准掌握楼宇结构、户型、层高、出入口、消防设施位置等信息，便于迅速开展消防安全救援。

数据表明，在全社会三大能耗中，建筑能耗占到全社会总能耗的 40% 以上，传统建筑业规模巨大、能耗和排放高、管理复杂，尽管物联网、大数据等技术在建筑行业已广泛应用，但每栋建筑仍然是孤立的个体，“信息孤岛”问题普遍存在。**未来，数字孪生城市里的每栋楼宇建筑都将是智慧化的“生命体”，不同的建筑能够互联，人与建筑能够交互，建筑自身能够进行数据分析和自我学习。**

通过在建筑内部署智能计量表，实时采集建筑内的水、电、气、热等能耗数据，所有数据将实时汇聚到城市大脑进行智能分析，并以热力图、表格、数字仪表盘、GIS、动态图等形式可视化展现，便于管理者掌握不同类型用户的能源需求和使用情况，对不同能源用途和用能区域进行分时段计量和分项计量，从而实现对全市建筑能耗的“全天候监测”和“一张图管理”，及时对能源进行动态分配，并为管理部门开展能耗异常监测预警、远程诊断、巡检维修提供支撑。在智慧建筑内的房间、过道等区域广泛部署照度、红外、温度等传感器，能够根据自然光强度、室内温度、人员进出情况自动调节照明设施、空调系统，加强热量循环利用，减少电力消耗。厂房、车间等建筑通过数字化技术能够实现水电用量实时监控、能耗分析、异常报警，推动企业节能减排、按需错峰使用，并为开展能源评估、能源审计、能效认证等提供支撑。

案例

WegoPro绿色建筑管理平台

美国绿色建筑委员会和 WegoWise（大数据服务公司）合作，对绿色建筑能源的使用情况进行系统分析。目前美国约有 23000 栋绿色建筑，这些绿色建筑大部分都被纳入 WegoPro 平台进行统一管理，WegoPro 能计算出每个绿色建筑的能源消耗量和用水量，其分析的数据住宅面积已经超过了 9.29 平方千米。

在建筑物健康监测方面，数字孪生技术同样大有可为。桥梁隧道作为城市交通运输干线，对城市的发展起着重要的支撑作用。截至 2018 年年底，我国公路桥梁共有 85.15 万座，总里程达 5568.59 万米，其中不乏世界级跨度和规模的桥梁，它们是关系到国计民生的关键基础设施，一旦发生垮塌事件，将造成难以估量的生命和财产损失。因此，除了桥梁本身的结构设计、材料使用、施工质量外，桥梁的日常健康监测、养护维修同样是至关重要的。通过在桥梁关键部位安装震动、压力等传感器，实时采集桥梁结构应力、载荷、形变、环境状况等数据，结合断层扫描、智能巡检等技术，可实现对桥梁健康状态的实时监测和预测维护。

在建筑遗址复原方面，利用 3D 测绘、航拍、激光扫描等技术能够完整采集建筑物的三维尺寸、内部空间结构、颜色样式等数据，通过数字化建模、仿真渲染，结合全息投影、AR/VR 等即可全方位立体化呈现古建筑的遗址原貌，未来可用于古建筑文物保护、遗址复原等方面。法国是目前全世界在文物保护工作方面走在最前沿的国家之一。早在 2014 年，历史学家安德鲁·塔伦就用激光扫描仪对巴黎圣母院大教堂进行了扫描测量，每个扫描点都包含几何位置、颜色、类别、强度值等信息，扫描精确度在 5 毫米以内，形成了一个包含超过 10 亿个点的三维图像，并进行了完整的数据存档，可以高度还原现实世界，为下一步开展修复工作提供了有力支撑。

此外，基于数字孪生技术的建筑可视化管理还能够为楼宇安防和应急救援带来创新变革。通过搭建 BIM 模型，楼宇建筑数据精细到构件级，智能门禁、车闸、视频监控、无线烟感、红外探测器、消防喷淋系统等设备实现全面互联，多角度、分层次、全方位采集视频图像数据、物联网基础数据、人脸数据、车辆数据、入侵报警数据、消防险情数据，实时监测城市建筑全生命周期的运行状态，智能化分析结果并以热力图、雷达图、标签等形式实时呈现在虚拟空间中，形成对重点关注人员、车辆的智能化跟踪监控。

一旦发生消防事故、治安事件，城市大脑向公安、消防部门“秒级报警”，同时通过数据分析制定救援方案，精准定位火情、案件发生位置，可视化呈现楼宇消防通道、消防栓、消防管网、消防应急箱、灭火器等设施运行情况与位置，自动启动消防喷淋系统、警报系统、逃生路线指引系统、逃生救援设备等，推动实现火灾风险预测精准化、火灾防控智能化、灭火救援智能化，最大限度地保障公共安全。

一张图看清城市管网经络

城市地下管网和综合管廊是承载水务、燃气、热力、电力、通信线路的综合载体，犹如城市的“毛细血管”和“经络系统”，遍布城市的每个角落，为人们的生产、生活提供基本保障，是维持城市正常运行的“生命线”。

目前，我国城市有 8 类 20 多种地下管线，种类繁多，管理体制和权属复杂，地下管线现状不清，城市内涝与“马路拉链”问题久治不愈，加上排水防洪体系不完善，许多城市一旦遇到大雨，就会导致交通、通信、电力中断，由于井盖密集，道路需要反复开挖，也会严重影响市民的交通出行和正常生活，并造成一系列人身和财产安全隐患。

当前，我国各地综合管廊建设进入有序推进阶段，在规划设计、土建施工和运营管理方面取得了显著的技术进步，但面向地下管廊系统的研究仍处于初级阶段，大部分集中于工程设计和施工、环境监测、管廊本体监测等，缺乏基于数据融合的地下管网安全运营与智慧管控。

数字孪生技术能够实现管网运行监测、运维管理、决策分析、应急指挥一体化统筹决策、一张图运维管控，可极大地提升城市管网运营的质量和效率。

第一，通过在综合管廊、地下管网空间部署各类传感器、监控设备，实现对城市燃气、给排水、热力、电力、通信等城市管网及本体的实时监测，各类多源异构数据可以统一汇聚到城市大脑中枢。

第二，依托BIM、3D GIS、物联网、大数据、虚拟仿真等技术，可以全面整合物联网采集数据、视频监控数据、空间地理数据，建立城市管网三维模型，实现对管网异常报警、环境参数、设备状态、视频图像等信息的三维可视化监控与集中展示。

第三，利用人工智能、深度学习技术对城市管网环境数据、设备运行数据、空间位置数据、视频监控数据、管廊管线参数等进行智能分析，建立风险安全评估模型，及时发现问题，事前预测风险，定期开展应急演练模拟，保障城市管网系统的安全高效运转，提高城市公共安全和人民群众的幸福指数。

第四，当出现问题或故障时，搭载人工智能模块和机械手的智能巡检机器人将进行自主巡查，巡查和维修等影像数据实时回传，准确判断和控制廊内设备的开关状态、进出口节点的异常情况，对重要仪表进行智能识别和读数，并自动生成巡检报告，供管理人员随时查看和审核。

第五，建立基于数字孪生的安全运维体系，实时监测气象、地质等自然灾害预报信息，管廊环境、设备以及管线异常信息，人工巡检异常信息，一旦出现紧急事故，城市大脑能够可视化集中展示管廊环境、设备监测数据、现场视频、气象信息、交通信息，应急资源和队伍分布信息、应急队伍实时位置信息等，进行态势标绘，并根据应急预案进行联动处置。

案例

雄安新区综合管廊智慧管理平台

雄安新区市民服务中心的地下综合管廊项目采用数字孪生理念，综合利用 BIM、3D GIS、三维数字引擎、物联网、大数据、云计算等技术，进行热力管线、电力管线的施工、管理和运维工作，实现物理空间与虚拟数字空间交互映射、融合共生，形成国际领先、中国特色的智慧生态示范园区。雄安新区综合管廊智慧管理平台示意如图 8-1 所示。

图 8-1　雄安新区综合管廊智慧管理平台示意

案例

中建地下空间公司智慧管廊系统

中建地下空间公司研发的地下综合管廊运维管控系统，目前在连云港市徐圩新区的示范应用进展顺利，该系统的应用成效：第一，解决了环境与设备监控、管廊本体监控、安全防范监测、

视频监控等前端感知数据的集中管理与数据融合，已实现全面的安全监控服务；第二，基于 3D GIS+BIM+ 全景构建了城市地下综合管廊安全运营与智慧管控服务系统；第三，基于安全运营与智慧管控体系已实现管廊本体与各类权属管线的智能化运营服务，并已实现基于位置服务的智能巡检服务；第四，基于数据集成与融合以及空间数据服务已实现基于位置服务的应急指挥调度与辅助决策应用。连云港市地下综合管廊如图 8-2 所示。

图 8-2　连云港市地下综合管廊

案例

瑞典“Hidden City”地下管廊

瑞典基律纳市基于微软的 HoloLens 增强现实技术、地理信息系统搭建了混合现实平台，通过收集汇聚城市基础数据、测量数据，能够对地下基础设施进行数字化绘图和可视化展示，通过AR技术数字化地映射、记录地下基础设施的状态，用户借助头显设备即可查看城市地下管道的情况，以便市政部门开展公用事业基础设施规划、安装、维护等工作。

让城市建设像搭积木一样简单

数字孪生技术能够打通规划、建设、管理的数据壁垒，改变传统模式下规划、建设、城市管理脱节的状况，推动建筑行业建造施工流程和建筑工地管理模式的深刻变革，实现城市建设“一张蓝图绘到底”，为建筑业的智能化发展提供更多可能。

建筑行业是我国国民经济的重要物质生产部门和支柱产业之一，我国拥有世界上最大的建筑市场，统计数据显示，2018年我国建筑业总产值已达23.5万亿元，约占全球建筑业产值的1/5。同时，建筑行业也是一个安全事故多发的高危行业，如何加强施工现场的安全管理、降低事故发生的频率、杜绝各种违规操作和不文明施工、提高建筑工程质量，是摆在各级政府部门、业界人士和广大学者面前的一项重要研究课题。

建设阶段是城市规划设计落地的实施阶段，城市建设的成果质量直接影响到后期城市运维管理的复杂程度。目前，各地城市建设普遍存在工程项目体量庞大、专业众多、参建方多、行业监管资源不足等问题，项目施工方、监管方对项目的施工质量、安全、进度等信息的获取不及时，造成信息不对称，难以保障各方有序协作、科学决策。

数字孪生城市建设的核心理念在于，物理空间的实体建筑与数字空间的孪生模型要同步规划、同步建设，桥梁、道路、楼宇等每个建筑设施都包括物理实体和数字虚体两个部分，通过建立基于BIM、虚拟仿真等数字孪生技术的工程项目建设监管系统平台，建筑的所有建造过程、各阶段建设成果都会同步映射到数字孪生空间中，建设施工方和行业管理部门能够基于数字孪生模型对工程项目从图纸、施工到竣工交付的全过程进行动态监管，包括数字化辅助审图、质量安全监管、绿色施工监管、数字化辅助竣工备案等，对重大项目进度、资金、质量、安全、绿色施工、原材料、劳务和协同协作进行数字化管理，推动建筑行业管理从粗放型监管向效能监管、规范监管和联动监管转变。

一提到建筑工地，你首先想到的是什么？漫天飞扬的尘土、杂乱无章堆放的建筑材料、嘈杂的施工噪声……随着物联网、人工智能、BIM 等技术的发展，智慧工地已经成为现实，目前已有不少城市开展了智慧工地建设。

智慧工地是综合利用物联网、BIM、虚拟仿真、可视化等技术，以工程项目参建各方人员的身份电子化和签名数字化为基础，对施工过程中涉及的“人、机、料、法、环”等生产要素进行实时动态监测、数据挖掘分析、预测预警，实现人员定位、工地电子地图管理、项目管理、劳务管理、安全管理、环境与能耗监测、BIM 管理等功能，最终实现施工过程、管理过程、施工结果的全面数字化、可视化管控。

案例

浙江台州智慧工地“黑科技”

台州市“智慧工地”系统通过搭建科技创新、资金保障、管理优化平台，初步形成“用一个平台、管两个重点、抓三方主体”的监管新模式，实现了资源整合、集中管控、实时监管和全过程追溯。

考勤管理子系统。考勤管理系统以每天进出数据作为考勤依据，通过对进出时段的计算，统计每日的工时，为工资清算提供可靠的数据来源。系统以人脸识别或虹膜识别验证人员到场的真实性，有效避免了传统打卡到岗方式存在的作弊行为，成为建筑行业一大“稳定器”，如图 8-3 所示。

图 8-3　考勤管理子系统

扬尘在线监管子系统。工地扬尘在线监测系统能够实时“捕捉”温度、湿度、风力、风向、噪声、PM2.5、PM10 等指标。

喷淋系统、雾炮机每天按规定时间启动，并根据天气情况加大频率，时刻将湿度和污染物浓度控制在相关标准之内。每当有运输车辆驶离工地，还要经过地埋式冲洗机，几分钟内，车轮、底盘和车体外侧的泥沙就被冲洗干净，确保工地周围街路的整洁，不再让现场作业人员“吃灰”。

施工现场实时在线监管子系统。实时在线AI监控视频系统能够对现场进行多维度实时监控，智能视频算法为施工现场监管提供“千里眼”，不仅带来了全新的交互式体验，而且能有效管理人员的设备安全，保障工程的进度及质量。系统通过后台运营分析，能主动发现早期烟火告警、危险区域人员入侵、安全帽未佩戴、违规停放导致通道阻塞等安全隐患，提高对工程现场的远程管理水平，加快工程现场安全隐患处理的速度。

建筑起重机械管理子系统。台州智慧工地管理系统将起重机械一一绑定，确保每个设备的每个标准节在系统中具备唯一的“身份”信息，从源头上解决了设备套牌、超期使用等问题。把全市起重机械安拆人员和在台州的起重机械检测人员的相关资料，包括人脸和虹膜等信息在管理系统中统一登记入库，实现人员可控。维保作业过程中通过扫码校验，同步记录存在问题的构件与设备，即时生成设备履历，实时查询设备和构件的位置、使用时间和维保记录，确保过程可溯。

VR混合现实系统。基于施工现场，将BIM模型与虚拟危险源相结合，1：1真实还原工地现场，内含高空坠落、火灾、触电等潜在的危险源，让工人体验到事故发生之后的真实感受，增强安全意识。每个接受培训的工人在戴上VR眼镜后，通过操作手柄选取界面，整个工程形象都会逼真地呈现在眼前，如图8-4所示。

图8-4 VR建筑工程可搭载硬件

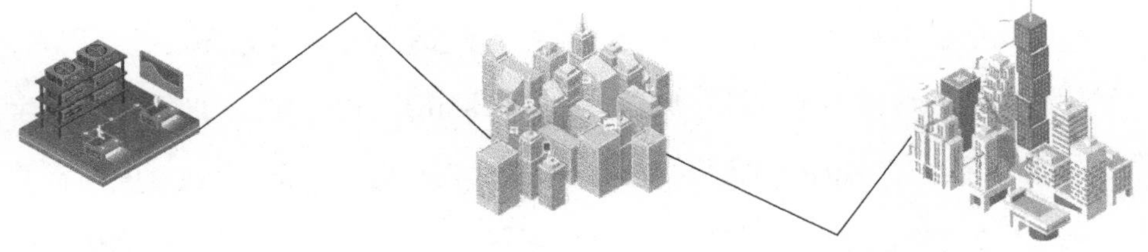

第九章 Chapter 9 城市治理：像绣花一样精细的城市治理

在社会信息化、经济全球化的今天，城市聚集了越来越多的社会因素，随之而来的城市治理问题在城市尤其在大城市中愈加严重。随着数字孪生城市的建设，城市治理将依托数字城市精准管理物理城市，通过虚拟服务现实、数据驱动决策，使城市治理像绣花一样精细，为现代化治理体系和治理能力的构建奠定坚实基础。

一花一草一木皆可数字孪生

城市部件管理一直是城市治理的重点和难点：一方面，随着城市的智慧化发展，各类城市部件数量呈现爆发式增长态势，管理复杂度不断上升；另一方面，城市部件广泛部署在地上、地下、水中、建筑物内外等各个角落，空间位置复杂，城市部件的故障具有突发性和随机性。而传统的城市部件管理手段和方式较为单一，对于路灯、井盖、水管等城市公物的损坏、偷盗、移运等违法行为，往往需要通过市民举报或基层管理者定期巡查等方式发现问题并上报，再经有关部门核查才能解决，存在信息表述不清晰、传达不准确、处理流程慢等问题。

数字孪生城市的目标是要在数字虚拟空间中建立一个与现实物理世界虚实映射、交融互动的数字孪生世界，现实世界中的各类物理实体在孪生空间中都要有对应的数字虚体，所有城市部件的真实状态都能实时同步映射到虚拟空间中，城市管理者只需要对数字虚体进行操控，即可实现对物理空间实体的智能化管理，从而极大地降低城市部件管理的复杂度，减轻人力资源投入，提高问题的发现和处置效率。例如，路灯的开关不需要人工控制，而是由光线的强度来自动调节；城市植被绿化能够根据土壤、空气温湿度情况进行自动灌溉；环卫工人无须现场巡查即可掌握每个垃圾桶的容量情况。

随着 NB-IoT、LoRa、eMTC、5G 等技术的快速发展，物联网正在由点至线、由线至面地向社会各领域全面渗透，未来会像无线宽带、水电气一样，成为城市基础设施的重要组成部分，无缝覆盖城市的每个角落，真正实现万物互联。基于标准统一的城市部件数字编码标识体系，我们能够为各类城市部件、基础设施甚至是动植物等生命体赋予独一无二的"数字身份证"，并通过城市物联网平台进行统一管控。例如，2017 年重庆市巴南区打造的物联网管理平台，覆盖区域面积达 83.08 平方千米，为超过 63 万个城市部件对象赋予了唯一的"身份证"信息，并实现全区域一张图可视化管理。

对于蜂窝物联网设备，目前可采用 IMSI 的编码方式。IMSI 是移动通信中进行身份认证的编码方式，资源较丰富，可延续至物联网领域继续使用，我国共计有 1 万亿个 IMSI 资源，当前 IMSI 的实际利用率为 3%~4%，至少能够满足 300 亿 ~400 亿个终端设备的编码标识需求，结合 eSIM 等技术即可建立对物联网终端的管理能力，并实现对码号资源的全生命周期管理。对非蜂窝网接入的设备，遵循唯一性、兼容性、可扩展性、安全性和实用性的原则，建立异构兼容的城市级物联标识解析体系，实现不同标识之间的互联互通，包括公共标识之间（如 Handle、OID、Ecode）、行业标识之间（如药品电子监管码、汽车零部件编码、动力电池编码等）、公共标识与私有标识之间等多种业务场景。

要实现对城市一花一草一木的数字孪生，像绣花一样精细地开展城市治理，必须空、天、地全方位立体部署海量物联感知识别设施。对于地上空间，可通过将定位芯片、摄像头、温湿度传感器等部署在多功能信息杆柱、路灯等载体上，或在垃圾桶、井盖、停车位、水电气计量表、消防栓等设施上安装传感器芯片模组，实现对城市部件的智能化感知。对于地下空间，可在地下管廊、隧道、地下通道等区域部署温湿度传感器、水位传感器、震动传感器、视频监控等设备，保障地下设施的安全。

其实，**不仅仅是城市部件，在不远的将来，花草树木等有机生命体同样可以实现数字孪生**。例如，通过在果树中安置生物传感器、定位芯片等设备，打造数字化虚拟果园，实时采集果园温湿度情况、土壤肥沃程度、果树健康状态、果实成熟度等数据，果农足不出户即可在系统中查看每棵果树的生长情况，一旦发现长势不佳或存在缺水、缺肥、病虫害隐患等问题，系统就能够及时推送预警信息，提供解决方案，并通过自动化设备进行远程调控。此外，通过对果实色泽、外观形态、重量等数据的智能化分析，系统还能够为果农推荐优质健康的果实，制定采摘和分类方案，实现从果实生长、采摘、存储到定价销售的全过程数字化管理。

案例

南明区“数智花果园”

位于贵州省贵阳市的南明区“数智花果园”是亚洲最大的棚户区改造项目，占地面积10平方千米，区域内高层建筑密布，总人口峰值近百万，聚集了近30000余家工商注册户。“数智花果园”调度运营中心如图9-1所示。

图 9-1 “数智花果园”调度运营中心

“数智花果园”作为贵州省城市综合体建设的重点项目，由软通智慧负责统筹建设并跟进，该项目以建设“花果园社区大脑”为核心，借助大数据、人工智能、物联网、云计算等先进科技手段，直观监测花果园社区的各种管理和运营情况，总体呈现整个花果园的各项运营指标，同时对异常指标进行报警和预判，为社区管理者和运营者提供决策支撑，以数化万物的思路通过数字孪生技术模拟出每一栋、每一层、每一户的情况。其中，“社区大脑”建设包括花果园数字皮肤实时感知体系和社区大脑下的公安、环境、物业、消防、城管、工商、医疗等分布式小脑，以及社区调度治理中心、新型智慧社区仿真中心、数字孪生中心。通过整合这些小脑，将帮助花果园构建“共建、共治、共享”的社区治理新格局，从整体上提高社区公共安全级别，有效解决电梯困人、人口走失、打击传销、火灾消防逃生等民生问题。

案例

上海临港“虚拟城市”

上海临港 2017 年启动了“智慧临港 BIM+GIS 城市大数据平台”的建设，通过 BIM+GIS 构建对象化、精细化的“虚拟临港”，该平台是国内外首个城市级地理建筑设施融合的数据平台，覆盖整个临港 315 平方千米的城市空间，它原样复制城市的建筑地理构造，既包含道路、建筑等重要设施的高度、坐标等地理数据，也包含管理委员会、滴水湖地铁站等重要建筑的内部结构、房间布局、管线铺设等对象化设施数据，能够实时感知城市的运行态势，并对未来发展进行推演和预测。智慧临港 BIM+GIS 城市大数据平台如图 9-2 所示。

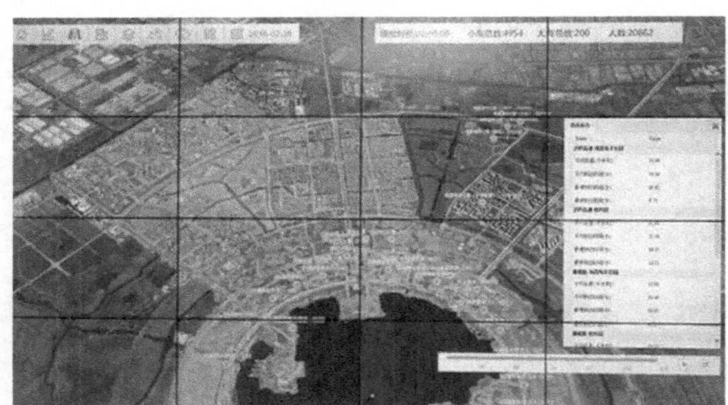

图 9-2　智慧临港 BIM+GIS 城市大数据平台

洞悉数字空间下的城市运行态势

城市是个非常庞大且复杂的综合体，城市运行态势涉及政治、经济、文化、生活等方方面面，对于城市治理者、决策者和普通居民而言，要想清晰、直观、动态地了解城市每个角落、每个领域、每个时段的运行状态，是一件非常困难的事情，而数字孪生城市的建设为这一切提供了可能。

随着物联网、大数据、CIM、人工智能、AR/VR 等技术的发展，人们已经有能力围绕城市运行监测、管理、处置、决策等领域，建立虚实映射的数字孪生城市平台（如城市数据大脑、城市智能中枢等），实现对“人、地、事、物、情、组织”等城市总体运行态势的实时监测、分析决策、可视化呈现。目前，国内外部分城市打造的城市运行一张图、大屏显示系统、领导管理驾驶舱以及市民体验展示中心，都是朝着这些目标的努力探索和尝试。

1. 城市运行一张图

依托城市三维模型、地理时空信息平台、动态视频监控等，融合物联网感知、大数据挖掘、人工智能分析以及业务应用系统，能够打造精准、动态、可视化的数字孪生城市一张图系统，全方位展示市政、警务、交通、电力、商业等各领域的综合运行态势，并根据不同主题分级分类呈现，统计数据既可以加载于综合页面之上，也可以单独形成专门的数据统计分析主题页面，揭示数据在不同维度下的规律，帮助用户从不同的角度观察现状、分析趋势规律。

2. 大屏显示系统

传统的大屏显示系统以视频数据直接还原为主，在数字孪生城市应用场景中，大屏显示系统不再只是一个终端显示单元，而是支撑数据可视化的重要节点，能够对数字孪生城市建设中产生的大量数据进行整合、分析、呈现和资源共享，让管理者直观掌握城市安全、应急管理、城市交通、电子政务、智慧教育等各个领域的数据指标，从而合理调配资源和科学决策，提升城市综合管理水平。大屏幕显示系统能够实现 4K 激光屏、LED 屏、电脑、手机、多媒体触摸屏、电视等多种终端统一交互、多屏联动，结合 VR/AR 等技术提供沉浸式体验，多屏拼接技术能够根据客户不同的应用场景，自由布局多块屏幕的分布以及显示内容，支持多种画面格式和多画面同时显示，既可重点关注专项事件态势，又可全面掌控城市整体态势。

3. 领导管理驾驶舱

领导管理驾驶舱是一个为管理层和决策者提供“一站式”（One-Stop）决策支持的管理信息中心系统，它以驾驶舱的形式，通过各种常见的图表（速度表、音量柱、预警雷达、雷达球）形象标示城市运行的各项数据指标，并可以对异常关键信息进行预警分析。数字孪生城市建设，可面向政府管理者和决策者搭建领导管理决策驾驶舱，将城市运行的核心数据以数字仪表盘、数字沙盘、立体投影等形式全面呈现，直观展示政府在宏观经济、产业发展、投资贸易等领域取得的成就。

案例

北京城市副中心领导驾驶舱

2018 年，北京市发展和改革委员会公布关于城市副中心建设的 5 个批准函，计划整合汇聚政务和社会数据资源，在北京城市副中心打造城市大数据平台，开发“城市仪表盘”和“领导驾驶舱”，实现对经济、环境、能源、交通、社会、人群、教育等领域运行态势的实时量化分析、预判预警和可视化呈现，为管理层提供“一站式”决策支持。

案例

加拿大魁北克市城市仪表盘

加拿大魁北克市与CGI合作构建了城市数字化仪表盘，为市民和管理者提供知识库、服务请求处理、服务事件管理等服务，市民可以在线发送道路维修、垃圾收集、城市森林管理等服务请求，仪表板能够帮助各级城市管理者分析具体情况并预测事件的发展态势，以优化市民服务并改善绩效。

4. 市民体验展示中心

未来，各城市可在数字孪生城市建设的基础上，搭建市民体验与展示中心，展示中心聚焦数字孪生城市的运行情况，通过电子沙盘、宣传片等形式，提供包括交通灯智能控制、城市突发事件应急响应、城市视频监控和刑侦分析、城市三维管网展示、建筑能耗监测分析等在内的展示服务。体验中心聚焦数字生活体验，围绕市民生活场景进行设计，提供线上和线下两种体验形式，线下体验包括智慧照明、智慧消防、智能家电、服务机器人、家庭安防摄像头、家庭远程医疗服务等，线上体验基于虚拟现实技术，借助VR眼镜或头盔实现沉浸式虚拟体验和3D交互。

案例

雄安新区市民服务中心

雄安市民服务中心BIM物联网沉浸式体验系统采用新华网自主研发的CAVE-MAX工业展示解决方案，具备数字物联网可视化、实时作业流程展示、实时数据传输3个特点。该系统实现了BIM物联网可视化场景，包含建筑体内部结构、内部机电管线等建筑体数据3D立体模型，还可以实现城市建筑实际监控与城市建设预体验，利用大空间沉浸式VR对相关模型进行重构，使原本隐藏在建筑体内的BIM数据与现实建筑实现了在方位和物理尺寸上的精准映射、吻合，可在异地场景下对物联网内容进行多人协同交互，参观者在虚拟仿真环境中可获得高度沉浸式的三维立体视听体验，如图9-3所示。

图9-3　BIM物联网沉浸式体验系统

虚实互动让城市治理顽疾无所遁形

数字孪生城市大脑紧密围绕城市信息模型和叠加在模型上的多元数据集合，充分运用智能化技术手段处理海量异构多源数据，洞悉人类不易发现的城市复杂运行规律、城市问题内在关联、自组织隐性秩序和影响机理，制定全局最优策略，解决城市各类顽疾，形成全局统一调度与协同治理模式。

当前，城市治理问题日益多元化、复杂化，随机性事件和不可控问题仍然存在，传统的城市治理模式面临很多瓶颈，例如，问题发现不及时、信息传递滞后、管理方式单一粗放、治标不治本等。此外，传统智慧城市的控制指挥中心功能比较简单，基本上承担城市大数据的综合分析和决策职能。人们希望综合运用感知识别、视频监控、图像智能分析等技术，打造城市“天眼”，从而实现对市容市貌、生态破坏、交通事故、警情灾害、违章违建违停、损坏公物等城市问题的自动发现、智能预警、可视化展示、资源调配、快速处置。

基于数字孪生的城市大脑不仅具有数据涌动、知识发现、实时诊断、智能辨识、态势认知等多元数据分析能力，而且拥有模拟仿真、深度学习、自我决策等更高级的能力，更重要的是数字孪生城市大脑具备反向控制城市智能化设施实体和相关主体（如人、车）的能力，可以使城市自然资源、道路资源、电力资源、医疗资源、政务资源、警力资源等及时调配，问题得到快速处理。例如，当街头发生打架、斗殴、盗窃等违法行为时，智能摄像头能够迅速捕捉相关画面，通过特征提取、人脸识别和数据比对，锁定相关人员的基本信息，快速形成相应处理流程预案：一方面自动报警，与警务中心实现联动，快速将发现的问题派送至就近警力；另一方面启动附近警报和数字大屏，曝光违法行为，并对相关人员起到威慑、制止的作用。

案例

济南市商河县城市管理视频分析系统

济南市商河县城市管理视频分析系统全面整合城区监控网络资源，对城区主次干道及重点部位进行监控，24 小时全天候、全区域、全自动、不间断抓拍城市管理中的 12 种违法行为，涵盖市容秩序、环境卫生、施工管理、突发事件等方面，并主动对视频信息进行智能分析、自动识别区分、自动报警，指挥中心值班人员发现违法行为后，立即调度就近执法队员赴现场处理案件，手持终端将现场的执法画面实时回传给指挥中心，实现城市管理案件自动发现、自动上报、快速处理、自动核查，整个过程耗时不到 5 分钟。

在城市资源优化配置和智能调度方面，传统的城市治理以条块化管理为主，缺乏“全景式”“一盘棋”的管理高度、广度和深度，而数字孪生城市大脑采用“城市信息模型 + 城市全要素数据 + 人工智能”的治理模式，能够有效弥补这个短板，使城市管理更加智慧、高效、精准。通过政治、经济、文化、社会、人文、历史、地理、生态、环境、气象、交通等全要素数据聚合，可实时全景展示城市公共设施资源的分布情况、运行状态和实时利用率、能源消耗情况、城市突发事故情况等，构建人流热力图、交通热力图、城市画像、人群画像，实时全景呈现地铁线路、旅游景点、图书馆、博物馆、公园、医院、道路等运行数据，并根据后台计算平台形成智能决策治理方案，如疏导城市人流、指导警力部署、远程调控能源、指挥应急调度、推送交通诱导等。

在城市环境治理方面，可通过建筑几何数据、声学传感器数据、专业分析模型以及可视化渲染分析城市噪声，自动判别噪声的来源、强度及成因；通过电信信号强度数据、网络时延数据、专业分析模型以及可视化渲染进行通信网络规划部署，解决通信管线反复开挖、各类线缆缠绕悬挂等问题；通过温湿度数据、二氧化碳及氧气浓度数据、水质和土壤监测数据、渣土车和垃圾车定位数据、PM2.5 数据、风力风向数据、光照数据、气象模型等进行城市环境模拟分析，预警预判城市污染、环境破坏、自然灾害等问题。

在城市交通方面，集成地理信息、GPS 数据、交通拥堵数据、人流车流数据、摄像头画面等多种数据源，利用专业分析模型以及可视化渲染进行道路交通模拟仿真，对可能发生拥堵的路段进行热力图趋势研判，提前制定治堵疏堵方案，部署警力加强引导管制，智能调控交通信号灯时长，保障城市交通的顺畅运行，同时也为后期城市道路规划设计和施工改造提供决策参考。

在城市安全方面，通过道路桥梁几何数据、建筑震动传感器数据、专业分析模型以及可视化渲染进行洪水分析，模拟地震、洪水等自然灾害对桥梁道路、楼宇建筑的破坏和影响，从而有针对性地进行加固改造和逃生路线设计引导；通过城市虚拟网格化管理，系统集成地理信息、视频监控、警力警情等数据，多维度可视化呈现全市“人、地、物、事、情、组织”等综合态势，帮助管理者实现对社会治安、消防应急、突发公共安全事件等领域的智能决策分析、智能预测和预警，最终形成自学习、自组织、自优化、自调控模式。

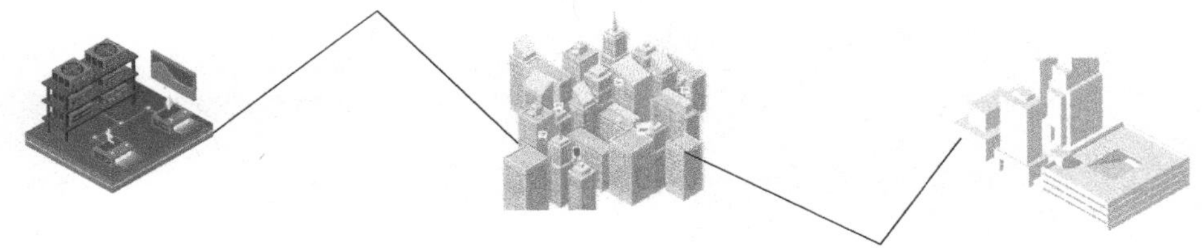

第十章 Chapter 10 城市交通：虚实交互新模式，刷新交通管理与服务

随着经济快速发展、城市规模扩张、人口向城市快速集中，许多城市面临人口拥挤、交通拥堵、公共资源紧张等“大城市病”的困扰。如何高效、精准地缓解交通拥堵，提升通行效率，优化出行体验，成为众多城市的痛点。数字孪生城市通过全域覆盖的感知体系、全网共享的城市数据资源体系、全时可用的城市大脑支撑平台、全程可控的城市操作系统，实现了数据驱动的城市道路预警、应急救援路线定制和信号联网优化，带来面貌一新的交通管理和服务。

全域感知、实时预警，交通态势的“预言家”

全量数据监测，重现并超越现实交通场景。交通大数据是指与交通相关的数据（如路网运行特征、车辆信息及运行状态、居民出行特征以及人流、客货流信息等）互相关联、融合，形成庞大的数据网，具有全样本性、全出行链、全周期、细粒度、互联互通等特性，涵盖交通基础数据、动态运行数据、交通调查数据、城市背景数据 4 个方面。城市交通产生的数据规模十分庞大，以往的技术手段很难实现全量数据的采集、汇聚、处理和融合。

数字孪生城市通过各类智能化终端，不仅全量采集多源交通数据，重现和记录实时交通状况，而且可以实现交通数据的可调用和互操作。数字孪生城市通过集约式感知终端，如智能信息杆柱，采集城市道路等公共区域的气象数据、视频监控数据；通过嵌入式感知终端，如建筑、道路、桥梁等大型设施内部敷设的传感器等，采集交通设施的物理数据、道路通行状态数据；通过独立式感知终端，如道路监控、RFID、传感器节点，以及智能手机、智能无人车等个人设备，采集个人出行、运行车辆、移动轨迹等信息。数字孪生城市能够实现对城市交通场景和通行状况的数字化认知，实现交通数据的随时可调用和互操作，为数据驱动的交通管理奠定坚实基础。

图像智能分析，最大限度地释放城市视频数据价值。传统交通感知技术手段主要依靠道路埋藏的线圈、视频监控和微波监测。其中，视频数据具备实时监控、调查取证等价值，重要性尤为突出。但是传统的视频监控系统主要是对道路黑点、繁忙路段交汇点、隧道口、主要道路、公共大桥等位置进行监视，往往只能看到某段道路小部分的实况，或者在路段视频中调取录像进行查看，无法实现全视野、无盲区的交通监控，不能直观地辨别所拍摄的车辆号牌颜色、类型，也无法为交通案件及时提供有价值的线索。

城市大脑支撑平台是数字孪生城市的重点。城市大脑通过人工智能赋能，具备强大、快速、高效、准确的机器视觉识别能力，可实现城市视频精准识别，消除城市视频识别的盲区，解决视频数据采集的盲点，成为城市级视频识别的关键基础设施。城市大脑接入城市视频监控，通过图像智能分析，能够快速识别行人、车辆和设施的状态，实时展示违章违建、道路遗撒、交通事故等状况，并且不受天气情况和像素质量的影响，为行业系统、区县中枢（及其应用）提供智能化支持。

其工作原理在于，通过视觉分析和道路、人流、车流等数据的机器学习，掌握城市交通体征检测，通过调整各路口信号灯的时长，实现交通流量仿真，直到总体通行时间最短，仿真后再进行沿线信号灯的控制。同理可进行公交线路优化，根据各条线路的公交拥挤度调整班次或路线，以实现运力平衡。此外，可对所有无人驾驶车辆和无人机（执法、巡检、跟踪、配送）的状态和运行轨迹实时监测并动态展示，确保各主体安全运行。

专业模型推演，高效协同计算实现精准道路预警。城市大脑支撑平台具备强大的业务知识库，包含行业语言、专业模型，能够实现交通运输、气象预测、城市防汛、环境保护等各行业领域核心理论模型的现实推演，科学预判城市事件，有效辅助决策。

在交通需求产生阶段，通过交通需求预测模型，基于交通调查数据，运用定量分析方法，考虑交通流的时变特性、出行者的个人行为等，实现对城市交通需求的合理预测。在道路通行阶段，通过交通路网指数模型，分析动态车辆的位置信息和运行速度，量化反映道路网的畅通或拥堵，对道路拥堵实现预测预警；同时，综合公路桥梁检测评价模型、出行者用户均衡模型、系统最优模型等，为交通管理者的决策提供科学依据。

案例

杭州城市大脑

杭州摒弃“数据己用”“交通专治”的固有观念，通过政府部门主导、主动、主控，企业提供技术支撑，打破数据壁垒，在数据利用上真正体现服务民生的价值，结成了以企业为主体的协同创新共同体，并从以下3个方面展开合作。

以政企合作为框架，搭建组织平台。杭州市政府协调交警、城管、建委等11个政府部门开放高达百亿的数据资源接入项目数据库，涵盖交通、市场、网络、公共服务等各个方面。此外，政府（公安部门）、企业（阿里巴巴）相关人员共同组成了工作专班，萧山公安联合阿里集团、数梦工厂、浙大中控、浙江大华等公司的高端技术专家，进行政企合作实体化运作，具体负责设备安装、调试、维护以及政府部门间的对接协调。

以数据归集为基础，搭建数据资源平台。“城市大脑”接入了静态和动态两类数据。在静态数据方面，主要针对道路、车辆、商场、医院、小区等各种可能影响交通组织的因素，先后整合接入交通、城管、气象、公交等13个行业部门57类交通相关数据200亿条。在动态数据方面，实时接入试点区域内电子警察卡口、治安监控等近1000路视频，日接入视频量达36TB，从而打通了互联网、政务网、公安网、业务VPN网四大网络，唤醒了大量沉睡数据，实现“城市大脑”和前端数据实时互通。

以提供算法为核心，搭建通用计算平台。配备500余台云计算服务器搭建通用计算平台，利用大数据、云计算、人工智能等技术，对在线监控视频进行结构化处理，配套数据资源平台的海量数据、交通体系仿真模型，用于信号控制配时优化、交通事件感知等现实应用，让路口同一根灯杆上的视频监控和红绿灯这对“既最近又最远”的组合实现了互联互通。

2017年，阿里云与杭州合作的城市大脑1.0正式发布，在治理拥堵和科学决策方面取得了显著成效。**在全域感知方面，**“城市大脑”基于全网多数据源融合，可自动对各类交通事件进行全天候自动巡检，使机器识别视频的能力有了新的飞跃；还可将视频自动检测数据与各类网络数据匹配比对，融合分析球机与固定枪机卡口视频，完整还原事件轨迹，实现了全面感知、分级报警、精准处理。**在海量数据处理方面，**杭州“城市大脑”接管杭州 128 个信号灯路口，杭州市内安装摄像头超过 50000 个，交通指挥中心人数不足 20 人，仅凭人力无法对 24 小时数据进行充分运用，但通过城市大脑，结合人工智能技术，能够实现自动分析、辅助决策。**在实时预警方面，**已实现每天 500 多次的事件报警，并且将其准确率保持在 92%，其中试点区域内的有效事件自动报警量总数已超过 5400 起，让政府部门主动发现异常事件、主动指挥调度处置、及时清除隐患变为现实。杭州城市大脑示意如图 10-1 所示。杭州“城市数据大脑”架构如图 10-2 所示。

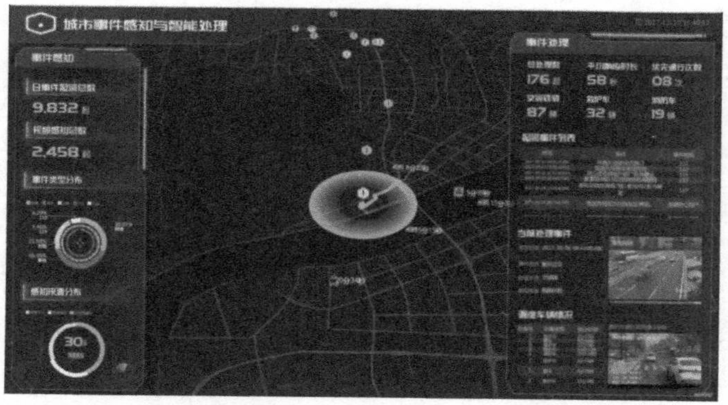

图片来源：阿里云官网

图 10-1　杭州城市大脑示意

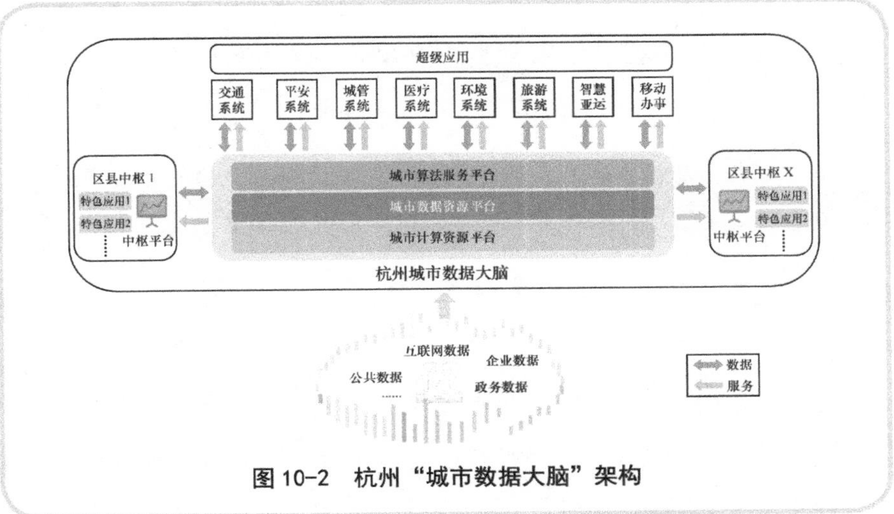

图 10-2　杭州“城市数据大脑”架构

案例

韩国松岛基于车辆感知的交通预警

松岛从 2000 年开始兴建智慧城市。在智慧城市的建设过程中，松岛将传感器嵌入道路和建筑物中，每个传感器都会持续将数据传送到中央控制中枢，包含建筑物属性、电力需求、道路交通状况、室外和室内温度等。

在交通方面，城市里每辆车的车牌都会贴上无线射频标识，这些微型天线各自调到特定频率，链接到耗能超低的处理器，当它们侦测到自己的专属频率时，就会以同样的频率把定位信号送回控制中枢，信号收发所花的时间不到一秒钟。综合城里每辆车的信号，就能实时反映实际的交通情况，中央控制中枢根据实时交通数据，调整城市交通标志，从而疏通道路拥堵并实现提前预警。

案例

新加坡基于智慧灯杆实现交通数据采集

新加坡目前人口总数超过575万，居民生活密度为8155人/平方千米，居世界第三，同时人口还在持续增长，因而公共交通也面临严峻形势。

新加坡将11万个路灯柱作为传感器网络的节点，灯柱与灯柱之间的平均距离为30米，将创建一个高密度通信阵列。以一个智能杆件作为中心节点，辐射周边，并与其他传感器进行连接，由此产生的通信网络可以检测特定区域内行驶的车辆数量，实现实时路况的监测，同时还可实现与汽车的通信连接。

多种来源的传感器数据，包含公共机构（包括交通领域的机构）数据、公众数据和企业数据，将统一汇总至智慧国家传感器平台，通过数据汇聚和挖掘分析，形成实时决策，实现交通引导，例如，实时响应出行者对公交服务的实时需求，及时提醒驾驶员附近靠近的行人或紧急车辆等。

精准定制、信号优化，为应急救援护航

联网配时优化，个性定制弹性绿波带。城市紧急车辆优先通行，将路权实时分配给有迫切需要的市民，一直是交通服务的重点问题，也是城市居民生命财产安全的重要保障。在道路资源紧张的城市，尤其是中心城区

拥堵频发的城市，如何为应急救援车辆开辟“绿色通道”，始终是城市管理者关注的焦点。

数字孪生城市为应急救援提供了新方案。城市大脑能够智能分析各种特种车辆的各类需求，对车辆到达下一个路口的时间实现秒级精准预测，自动调控交通信号灯，显著缩短应急救援车辆的通行时间，从而有效提升政府部门对应急事件的处理效率，打通全自动绿色通道，提高城市的安全感。

实时交通引导，虚实互动提升治理实效。在人工智能、云计算、大数据、物联网等新一代信息技术的发展下，交通数据分析、仿真模型、拥堵预警的手段方式都发生了鲜明的转变，而如何将仿真结果、预警分析、数据结论等准确、高效、合理地用于现实世界，提升交通管理效率，改善交通服务体验，实现立竿见影的应用效果，是新一代信息技术赋能交通运输的价值所在。数字孪生城市为我们提供了路径。

数字孪生城市中的核心能力平台能够运用深度学习、数据挖掘等信息技术，将部分交通问题转化为程序可解的数学问题，通过计算机程序设计快速解决交通问题。同时，核心能力平台中的业务知识库，能够将抽象的、数字化的计算机语言，转化为具象的具有符号性、规则性、明确性的交通语言，例如，信号灯的颜色、通行与禁行的符号、停车诱导的语句、换乘指引的语句、小客车出行引导的语句、让行播报的语句等，从而真正将虚拟世界的程序结果转化为通俗易懂、易于操作的交通语言，为现实世界的交通管理和服务提供有力的辅助。

案例

应急救援“一路护航”，为生命开启绿色通道

2018 年 10 月，一个男孩因意外事故病情危重，需从内蒙古人民医院转到北京天坛医院紧急救治，高德地图紧急成立了“救助护航小组”，及时为救护车增加了“一路护航”功能模块。在行车过程中，高德地图实时定位并跟踪救护车辆，同时向沿途车辆提前进行让行播报，有近 3000 辆车为救护车让行。

次日上午 10 时 36 分，救护车抵达北京天坛医院——历时 5 小时 21 分钟，疾驰 500 千米，比预计时间提前两个多小时。高德地图工作人员介绍，“一路护航”已建立急救、消防、交警、社会车辆之间的协同保障机制，可结合实时道路状况，让应急车辆开得更快更顺畅。

高德地图在杭州、珠海等地也展开实践，并不断探索实现高效救援、交通安全的新模式、新方法。2018 年 12 月，杭州江干区东茂苑，一辆工程车将一名女子撞倒在地，到达现场的救护车司机通过手机里的高德地图启用了“一路护航”功能。交警指挥中心的城市大脑在收到报警信息后，仅用 5 秒就规划出了一条从东茂苑到浙江大学医学院附属邵逸夫医院的最优路线，顺利护航车祸伤员一路绿灯到达医院。

全城视野、全局规划，寻找治理拥堵的最优解

全景精准量化，洞悉城市交通动态体征。全区域路网结构复杂，交通流量实时动态变化，如何从全局角度出发，全面准确量化城市交通动态体

征，避免交通决策以点代面、以偏概全，是交通领域的难点问题。数字孪生城市能够为此提供解决方案。

在数据汇聚阶段，数字孪生城市实现全要素数据聚合，准确抓取城市体征，进行城市画像；在数据处理阶段，数字孪生城市具备高效协同的计算能力，能够同时分析处理并发多源的城市数据，包含道路线圈监测数据、视频监控数据、微波监测数据等。通过全要素数据汇聚、模型与数据协同运行，数字孪生城市可以实现对城市交通动态体征的新洞察。目前，杭州成为全球首个基于人工智能技术，精确显示实时在途车辆动态数据的城市。

全盘路况治理，全局规划出行方案，担当治理拥堵的总指挥。数字孪生城市担当治理拥堵的总指挥，从道路供给侧持续优化交通供给侧能力，通过交通仿真优化路网结构，提升道路承载能力，合理布局公共交通车辆规模和车队路线；从交通需求侧合理配置交通需求，对出行车辆实行交通诱导、出行播报，为出行者规划效率更高的路线，规避大规模拥堵，提升城市全域的通行效率。

案例

全球首次精确显示城市实时在途车辆动态数据

2019 年 5 月，杭州城市大脑通过人工智能赋能，运用视频识别、流计算、视觉计算加速等技术，实时分析全城视频数据流，获得全面精准感知城市交通实时状况的能力，实现了数清城市实时在途车辆的目标。2019 年 5 月 7 日，杭州交警部门第一次对外展示了一张杭州主城区（上城区、下城区、西湖区、拱墅区、江干区、滨江区）实时在途车辆动态图。数据显示，杭州主城区第一个通行峰值出现在上午8点左右，共计31万辆；晚高峰在18点左右到来，共计30.1万辆；而平峰时段，车辆数在20万～25万辆呈现波段浮动。

根据杭州统计局公布的数据，截至2018年年末，全杭州机动车辆保有量为288.1万辆。按照以往城市交通治理的经验，人们一般都会认为：城市的交通条件至少要满足80%的车辆通行，才能疏解拥堵状况。为此，政府往往会投入大量的财力拓宽或改造道路、新增公共交通设施，或是在早晚高峰时段投入大量的警力派驻重点路口，此外，还要研究制定相关限行措施和规划设置卡口路段。杭州实时在途车辆数据详情如图10-3所示。

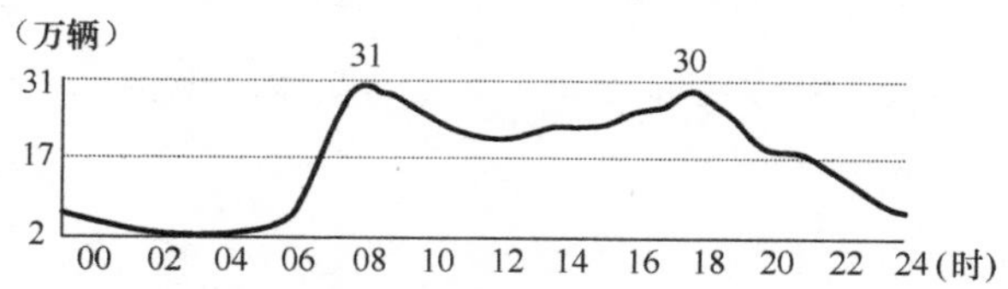

图10-3　杭州实时在途车辆数据详情

数据显示，主城区的绝大部分车辆并不会在早晚高峰上路。这意味着相关的一系列治堵工作因为有了人工智能的参与，有了新的解题思路。

杭州交警的相关工作人员表示，基于实时机动车数量，杭州城市大脑可以对各个路口的信号灯的时长进行动态调节，并通过人工智能算法实现全局优化，从而改变了过去依赖人的经验进行局部交通疏导的做法。

目前，杭州高架道路匝道上，50% 的匝道路口信号灯已经由城市大脑根据实时通行态势实现智能灯控。在通行效率方面，杭州中河–上塘路高架车辆道路的通行时间缩短 15.3%；莫干山路部分路段缩短 8.5%。在杭州萧山区，信号灯自动配时路段的平均道路通行速度提升 15%；平均通行时间缩短 3 分钟。

实景重现、车路协同，开启智能驾驶新体验

高度自动化的工具链系统重现实景路况，数字孪生让无人驾驶成为可能。如何应对复杂的场景变化，提高车辆的自适应能力，保障行驶的安全稳定性，一直是智能驾驶的痛点。智能驾驶的完全实现需要完成感知、决策和执行 3 个环节的自动化，数字孪生能够实现这 3 个层面的技术增强。

数字孪生城市中的城市全域感知体系和城市大脑能力平台，具备强大的感知终端和精准的图像识别能力，提升了感知的全面性和精准性。同时，数字孪生具备完整的工具链仿真系统，能够实现对道路、地形、交通标志等的静态仿真，光线、天气、交通流等的动态仿真，摄像头、雷达等的传感器仿真以及汽车动力学仿真，重现甚至超越了复杂多变的现实交通场景。利用高度逼真、场景丰富的仿真平台，对智能驾驶车辆进行训练和测试，可以有效提升智能驾驶的决策执行力和安全稳定性。

数字孪生城市建设加速交通设施智能化，车路协同开创新体验。交通系统是人类进步的先行官，出行体验的提升不仅依靠车辆的智能化，也要依靠新型化的交通基础设施，力求实现交通基础设施网络、信息通

信网络、能源供给网络的三网融合，强调车与路、车与车的信息互通和车与行人的智能沟通，实现车路协同。如何实现交通基础设施的智能化是车路协同面临的难题。

数字孪生城市建设推动着城市基础设施、城市主要部件的智能化，也加速了交通基础设施智能化的进程。国际上提出了“模块化道路铺装”，将整个路面切割为若干个相同的六边形模块，能够快速维修和替换，为未来无人驾驶和道路规划留足空间，打造灵活的城市交通系统。国内已有部分城市开启了智慧高速公路建设，在公众服务、路网监测、应急处置、大数据分析等方面取得了较大的进步。

案例

高度自动化仿真系统，推动自动驾驶落地

51VR发挥自身仿真技术优势，开发端到端的完整工具链仿真系统，实现自动驾驶仿真平台从0到1的突破。自动驾驶仿真系统包含静态场景仿真（道路、地形、植被、交通设施与标志等）、动态场景仿真（光线与天气变化、宏观交通流、交通参与者的微观行为模型等）、传感器仿真（摄像头、激光雷达、毫米波雷达等）、汽车动力学仿真和结果数据评价5个部分。

静态场景仿真即通过测绘车、摄像头等工具在软件中“复制”现实世界的环境；动态场景仿真即在上述虚拟场景中加入交通系统，让无人车根据虚拟世界的交通状况进行驾驶决策；传感器仿真是在虚拟世界中模拟雷达、摄像头的实际工作过程，测试传感

器系统；汽车动力学仿真即模拟汽车在路上行驶时的力学模型，测试车辆的控制系统。

在静态仿真方面，通过现实世界的扫描数据（通过高精地图测绘车扫描而来）高度自动化地“复制”出现实世界。同时，针对目前行业仿真软件功能的不足，在Cybertron系统中重构上海市嘉定区汽车城的城区道路时，为达到重现真实路况的效果，增加了光线和天气变化的模拟。

在动态仿真方面，通过AI驾驶员模型、交通流模型、实际驾驶员案例库、交通案例还原、手动设置交通状况5种渠道“生产”虚拟交通中的动态互动关系，保证测试场景的丰富性与多样性。

51VR通过打造全场景模拟、全时空仿真的自动驾驶仿真平台，开展全场景模拟验证工作，探索自动驾驶的深度验证与检测，推动自动驾驶落地。

案例

浙江建设快速、智能、安全、绿色的智慧高速公路

2018年浙江省交通厅公布，计划在2022年杭州亚运会前，将在建的杭州经绍兴至宁波的杭绍甬高速公路打造成“超级高速公路”，主要目标是快速、智能、安全和绿色。

整体提升运行效率。在目前浙江省类似高速公路平均运行速度90千米/小时的基础上，近期使车辆平均运行速度提升20%～

30%，并开展预留提速技术指标研究。在借鉴德国高速公路不限速和意大利最高限速 150 千米 / 小时相应技术标准的基础上，为未来杭绍甬高速突破 120 千米 / 小时设计速度预留土建技术指标。

构建路网综合运行监测与预警系统，打造人—车—路协同的综合感知体系。近期主要支持货车编队行驶，在现有收费系统的基础上兼顾自由流收费。远期将实现构建车联网系统，全面支持自动驾驶。

通过智能化、容错设计提高系统安全性，将事故的危害程度降到最低。近期实现高速公路全天候安全快速通行。远期基于高精定位、车路协同、无人驾驶等综合接入系统，实现零死亡愿景。在创新的同时兼顾新技术、新材料的经济适用性，使超级高速公路的建设具有示范性和可复制性。

全面适应车辆电动化发展方向。近期在服务区、收费管理站建设充电桩，为电动车提供充电服务。远期结合无线充电技术，实现边通车边无线充电。

案例

Google多伦多项目（Sidewalk Toronto）实现灵活可操控的智能道路铺设

2018 年 8 月中旬，多伦多 Sidewalk Toronto 项目的最新方案细节公布，所有的方案全部围绕一个核心——“以人为本的完整社区（Complete Community）”概念，让科技为高效出行和便捷生活服务。其中，项目提到的模块化道路铺设，对于数字孪生城市内道路设施的智能化具有借鉴意义。

Sidewalk307 公共实验室提出了模块化道路铺设，该装置是 MIT 传感城市实验室（Senseable City Lab）的创始人 Carlo Ratti 所在的公司用木质材料制作的 LED 道路铺装模型，具有四大功能：一是模块化，预制板工艺使道路铺装能够实现快速维修和替换；二是可加热，导电混凝土材料能够加热铺装，融化道路积雪与冰霜；三是灵活性，智能 LED 灯能够通过颜色变化改变路权；四是绿色空间，铺装能够为绿色景观留出专属空间。模块化道路铺装的基础功能如图 10-4 所示。

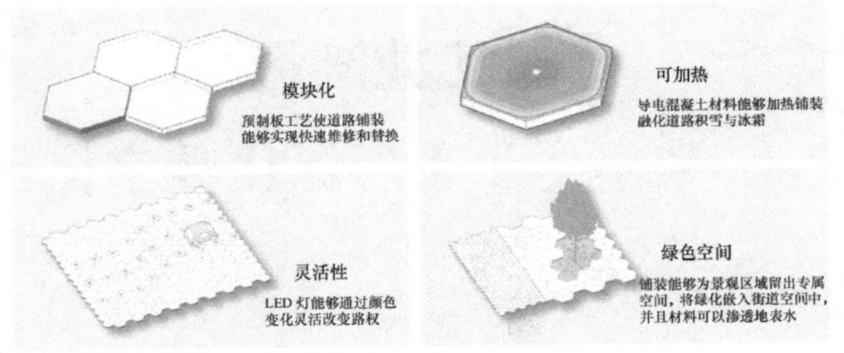

图片来源：Sidewalk Labs，作者译制

图 10-4 模块化道路铺装的基础功能

未来无人驾驶的普及将使街道设计产生颠覆性的改变，城市需要更加灵活的交通系统，但目前没人能够确切地说清楚未来的道路变化。Sidewalk307 公共实验室提出的新技术应用，可以满足未来道路交通不断变化的趋势，使街道空间变得富有弹性和韧性。

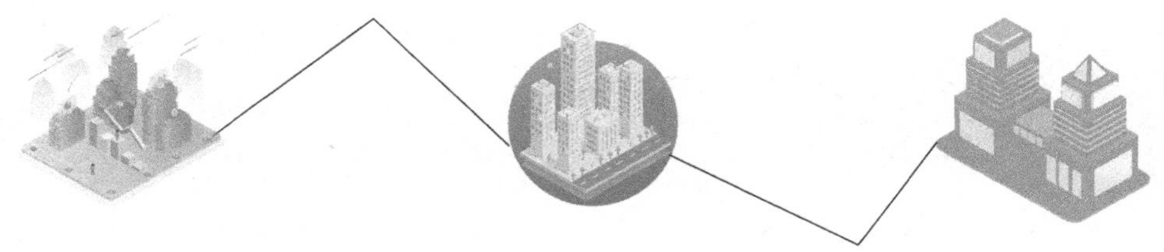

第十一章 Chapter 11 工业制造：数字孪生工厂深化数字化转型

市场环境快速变化、竞争日益激烈迫使企业不断提升产品研发效率、增强产业链上下游协同、降低生产成本、增强开放性、提供更具有竞争力的服务，当传统改造升级手段遇到瓶颈时，数字化成为一剂良药。

数字化转型对于传统工业企业而言是一个漫长甚至痛苦的过程，这意味着沿袭了多年的设计、工艺乃至制造、服务理念与模式发生了根本性的变革，但带来的好处也是显而易见的。例如，以物理样机验证产品的设计性能、工艺质量的方法将被数字样机所替代，生产物理验证样机等将不再是必备环节。实现这一模式转变的是背后庞大的几何建模、理化建模、计算机仿真分析等一系列技术支撑体系。借助数字样机，设计人员不需要通过复杂的物理实验来验证产品的可靠性，企业也节省了大量的理化试验支出，由于数字样机可快速生成、更改，产品的研发时间被大幅缩短。

在庞杂的工业数字化技术体系之中，数字孪生是最基础性、最具代表性，也是贯穿始终的使能型技术，同时也是实现信息物理系统的核心关键技术。密歇根大学教授迈克尔·格里夫斯（Michael Grieves）于 2003 年首次提出了“与物理产品等价的虚拟数字化表达”的概念，定义为一个或一组特定装置的数字复制品，能够抽象表达真实装置并可以此为基础进行真实条件或模拟条件下的测试。这一概念早期称作“镜像的空间模型（Mirrored Spaced Model）”“信息镜像模型（Information Mirroring Model）”。2011 年“数字孪生体”的概念才被迈克尔·格里夫斯教授正式提出，在之后的数年中，随着数字技术能力的提升和人们对于这一理念的认识日趋深入，数字孪生的内涵不断被拓展。

最初，数字孪生仅面向产品设计及运维阶段，通过建立数字模型来充当表征物理设备的原型，以模拟仿真为主要应用方式。随后，数字孪生逐渐向虚拟装配和3D打印领域延伸。近年来，在大数据、物联网、虚拟/增强现实、人工智能等新型信息技术的推动下，人们在工业领域的数字孪生精度、动态性、范围都有了大幅提升——从设计阶段孪生向生产制造乃至服务在内的完整产品周期孪生延伸，从单纯的产品孪生向生产过程乃至环境的孪生拓展——“数字孪生工厂”的概念应运而生。

数字孪生工厂包括对产品的数字孪生、对生产工艺流程的数字孪生、对生产设备及环境的数字孪生，覆盖了产品的全过程和生产制造的全空间、全要素。数字孪生工厂的目标不仅包括单方向的模拟仿真，还包括通过虚实交互反馈、决策迭代优化、数据智能分析等手段，为产品、产线优化增加或扩展新能力、形成新服务提供支撑。“数字孪生工厂”这一技术理念体系将为产品的设计、生产、服务带来革命性的变革。

更敏捷的研发让思想无缝衔接

以二维图纸为代表的工程语言是知识在设计人员之间、设计——工艺——制造——服务人员之间交流的主要载体。然而，严谨、精准的二维工程图学不仅需要长时间的培训练习，还把一部分空间想象能力较弱的人群挡在门外。除此之外，二维工程图多视图多剖面绘制效率低下、语义在传递过程中歧义频生等问题也一直困扰着从业人员，因错误读图等问题导致的制造偏离乃至报废时常发生，为产品的精准制造埋下了隐患。随着产品自身结构日趋复杂、产品生产体系日益庞大，二维图纸已经难以适应信息传递、知识共享的高效率、双向交互、便捷复制要求，以三维数模为载体的贯穿产品设计、制造、服务全过程的数字孪生技术因具备直观可视化、信息集成度高、可计算可分析等优势，开始迅速崭露头角。

在产品设计阶段，数字孪生的对象主要是产品和生产设备。产品数字孪生体的构成包括三维设计模型（以空间几何信息为主）、PMI 产品制造信息（包括公差要求、表面粗糙度要求、表面处理方法、焊接要求、材料明细表等技术要求、工艺要求等）、关联属性（坐标系统、零件编号、材料、版本、日期等）、工艺设计信息（三维工艺过程模型、工艺仿真验证信息、工艺 BOM 等）。生产设备的数字孪生主要是对设备的几何信息、加工精度、工作空间、加工效率等特性进行数字化表现。

在产品设计阶段，利用数字孪生体可以提高设计质量，提升设计方案的准确性、可制造性，并验证产品将来在真实环境中的性能和可靠性。在这个阶段，基于产品数字孪生体可以开展以下工作。

产品设计错误校验。使用 CAD 工具开发出满足技术规格的产品虚拟原型，精确记录产品的各种物理参数，进行尺寸的冗余性和完整性检查，并可通过仿真渲染预先评估产品的最终外观表现。

产品性能模拟仿真。通过一系列可重复、可变参数、可加速的仿真实验，来验证产品在不同外部环境下的性能和表现，例如，静态结构分析、弹塑性分析、疲劳分析、热分析、跌落分析、流体分析、电磁分析等，提前发现产品的设计缺陷、功能缺陷、性能缺陷等。

产品可制造性分析。基于产品数字孪生体和生产设备的数字孪生体，可以对产品设计结果的可制造性展开分析，例如，产品几何特征的制造可达性、加工精度满足性、原材料可加工性、材料利用率、制造方案资金成本及效率、专业技术人员的数量和素质满足性、设备工时利用率等。

借助数字孪生技术，企业可以通过仿真手段提前发现生产制造、产品服务过程中可能发生的问题，通过对产品设计的不断迭代改进，大幅缩短产品设计周期，提高设计质量，获得极高的市场响应能力。

案例

Clean Motion应用数字孪生大幅缩短研发流程

瑞典有家名为 Clean Motion 的交通工具制造商，应用 PLM SaaS 的数字孪生服务之后，其研发流程大幅缩短，生产制造模式也得到了重新定义。

Clean Motion 的产品 Zbee 是一种三轮电动车，如图 11-1 所示。由于完全采用“数字孪生”的方式进行产品研发与迭代，Zbee 更新的周期极短，首个原型产品于 2010 年 12 月问世，第二代产品在 2012 年夏季进行了测试，第三代产品于 2013 年夏季开始生产。

图 11-1　Zbee

Clean Motion 利用托管于云端的工业 SaaS 服务，将 PLM 数据与制造数据打通，基于数字孪生体实现制造端快速响应产品设计变更，如图 11-2 所示。

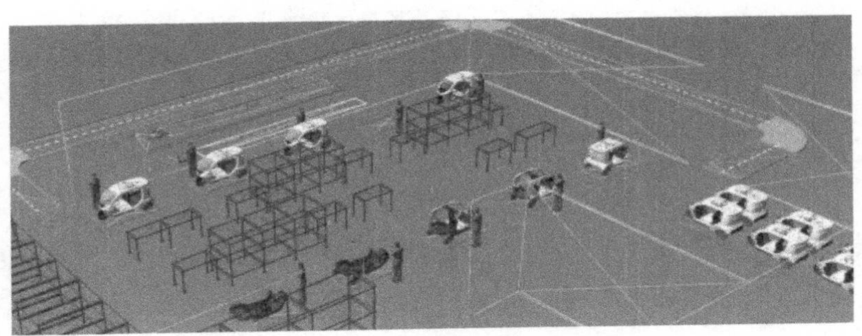

图 11-2　Zbee 生产过程的数字孪生体

Zbee 车身使用最新的增材制造方式，由聚氨酯材质制成。整车采用三级微型工厂的模式进行生产，每个微型工厂的年产能约为 5000 辆，均包含整个车辆生命周期中需要的所有部件，并且实现了工厂生产与经销售后的贯通与聚合。Zbee 摩托车生产现场如图 11-3 所示。

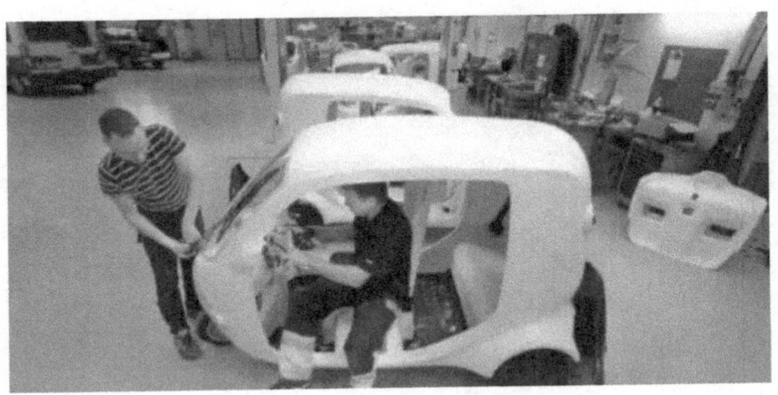

图 11-3　Zbee 摩托车生产现场

更精准的制造让所见即所得

在产品生产制造阶段，数字孪生的对象主要包括产品和各类生产要素（人、机、料、法、环、测）。产品数字孪生体在原有信息的基础上，通过应用各类物联感知手段，获取最新的加工状态信息，实现制造信息的采集和全要素重建，主要包括制造 BOM（MBOM）、过程质量数据、技术状态数据、物流调度数据、产品检验检测数据、生产进度数据等。德勤提出的制造过程数字孪生模型如图 11-4 所示。

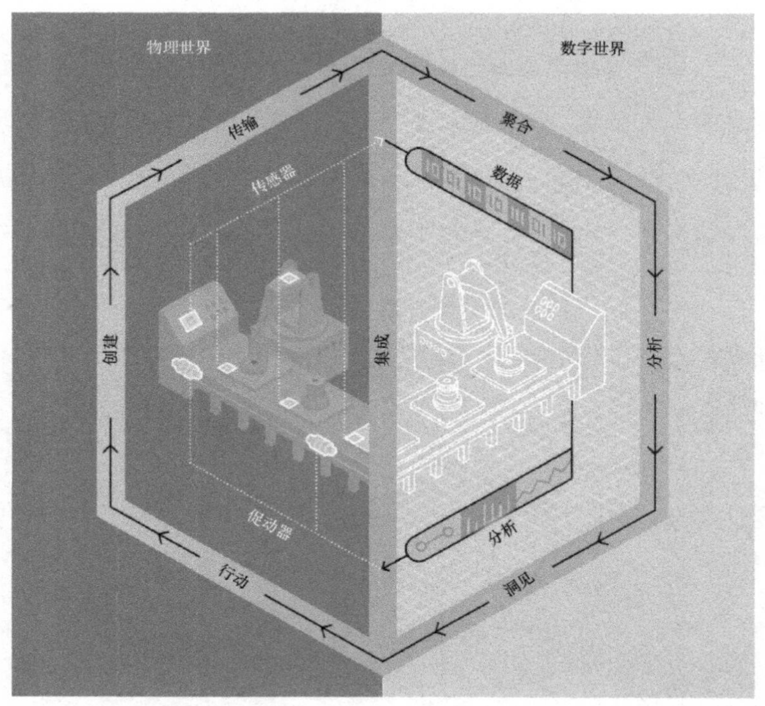

资料来源：德勤大学出版社

图 11-4 德勤提出的制造过程数字孪生模型

产品制造是一个高度协同的过程，针对这一阶段的数字孪生体则是一个数字世界的复杂且巨大的系统，其中的人、机、料、法、环、测与产品存在紧密的相互作用。以虚拟数字生产线为主线，将产品本身的数字孪生体与生产设备、生产过程中的其他相关要素的数字孪生体高度集成，实现了以下功能。

生产过程仿真。在产品正式投入生产之前，可以通过虚拟生产的方式模拟不同产品在不同加工工艺参数、不同外部条件下的生产过程，实现对生产线的产能、效率、节拍等生产能力的评估，以及对可能出现的生产瓶颈展开分析预判。

数字化生产线。在产品的制造过程中，通过实时获取制造数据并通过数字孪生体进行集成展示、分析，可以实现对物理产品制造过程的动态实时可视化监控，一旦发生参数异常、特征偏离，便可及时告警、快速定位，辅助生产过程的质量控制。此外，还可针对历史生产数据开展经验学习，辅助实现生产线的稳定运行和不断优化。

案例

空客应用数字孪生技术优化生产过程

空客集团正在与UBI进一步扩大在A350XWB飞机图卢兹总装线上应用RFID（射频识别）系统，以数字孪生解决方案支持工厂的数字化。在物联网和大数据的背景下，使用RFID和实时定位系统连接工业物体是空客数字化战略和“未来工厂”计划的关键组成部分，该战略将优化工业流程并使其进一步自动化，同时提升对供应链的实时感知。

UBI 表示其“智能空间”平台将定位技术集成到一个单一的生产运行视图中，使制造流程完全可视化。对于像空客这样的客户，UBI 提供了一个“室内雷达”，与德国 SAP 公司的企业级软件相连接，确保待装配组件及时运到，并实现实时更新的信息管理。平台能够处理高精度超宽带（UWB）、GPS、RFID、蓝牙和视景系统。UBI 表示，该平台解决了航空航天与防务制造商面临的周期长、复杂程度高等问题。这些客户通常体量巨大，很容易忽视其工具和资产，如果这些关键物件不能在正确的时间位于正确的位置，将造成漫长和超高成本的生产时延。

通过实时掌握被标记资产的精确位置，以及未来它们需要到什么位置，“智能空间”可以提前谋划和调度资产，助力项目达到关键里程碑。平台不仅告诉用户资产在哪里，还可以进行高水平控制，以确保不受控的或错误的工具不会在特定的工作区使用。平台还提供资产和工具的电子审计功能，详细描述所有客户配置设备的行踪，使制造商快速和高效响应突击检查，避免因未能指明而被罚款。部件制造和交付中出现问题意味着总装时延和交付日期推迟，从而导致制造商需缴纳大量罚金。通过跨部装线的、在多家工厂中跟踪零件的进展情况，平台使制造商基于交付时延而提前谋划总装计划。

2011 年，空客在 A350XWB 总装线上部署了 UBI 企业定位

智能解决方案，实时连接其工业物体，使工业流程和设备应用更加透明，尤其是工艺装备及其在部装厂和总装厂内的分布情况。从那时起，UBI 解决方案的元素在空客多个装配厂和飞机项目上不断使用，包括 A330、A380 和 A400M。目前，空客通过在关键工装、物料和零部件上安装 RFID，生成了 A350XWB 总装线的数字孪生，从而能够通过模型预测瓶颈、优化运行绩效。空客 A400M 飞机部装线环境的数字孪生如图 11-5 所示。

图 11-5　空客 A400M 飞机部装线环境的数字孪生

UBI 企业定位解决方案正在扩展 A350XWB 总装线上已有的可视化解决方案，连接总装设备安装流程的额外区域，以支持生产提速。该系统提供对资产的实时跟踪和定位能力，自动更新 ERP 系统的资产位置和状态数据，提升报告的精度和时效性，以及颗粒度的可视化，例如之前手动无法完成的运动路径分析。所有相关数据都在位置或图表视图中呈现，以加速日常操作。而且，该系统自动提示用户资产状态变化，并在发生特定问题时警告用户。

案例

数字孪生技术在斯柯达制造工厂的应用

西门子数字孪生系统通过采集设备运行状况，打造完整的数字模型来模拟工厂操作空间，用于工艺规划、仿真、验证和优化。该系统成功应用于斯柯达汽车制造过程，能降低生产线试运行风险，提高工作的安全性并缩短生产周期。斯柯达制造工厂数字孪生技术应用如图 11-6 所示。

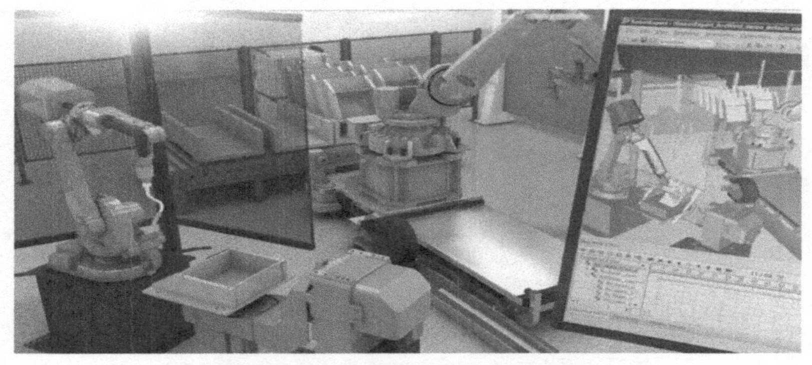

图 11-6　斯柯达制造工厂数字孪生技术应用

更智能的服务让问题消失于萌芽前

随着市场竞争日趋激烈，制造企业的利润水平远远落后于服务业，20 世纪下半叶以来，众多发达经济体的重心从制造业向服务业转变，通过服务业的发展增强制造业的竞争力，努力实现从“工业型经济”向“服务型经济”转变。

制造业服务化是指制造业企业将产品和服务打包提供给顾客，其商业模式转变为Paas或MaaS。制造业服务化是基于制造业的服务和面向服务的制造的融合，是基于生产的产品经济和基于消费的服务经济的融合。这种融合是制造业适应新的竞争环境，通过增强产业链各环节的服务功能提升企业竞争力的重要途径。

随着物联网技术的成熟和传感器成本的下降，很多工业的产品，从大型装备到消费级产品，都使用了大量的传感器来采集产品运行阶段的环境和工作状态，并通过数据分析和优化来避免产品出现故障，改善用户对产品的使用体验。

在产品服务阶段，产品数字孪生体主要采集产品运行的状态信息、耗材的使用程度信息、产品运行的周围环境信息等，并实时保持孪生体与产品实物状态的同步，据此可实现产品运行状态的远程在线监控，根据关键特性的偏离分析开展主动式维修，并提前判断是否需要报废回收。以飞行器为例，将最新的实测负载、实测温度、实测应力、结构损伤程度、外部环境等数据关联映射至产品数字孪生体，并基于已有的产品档案数据、基于物理属性的产品仿真和分析模型，实时准确地预测飞行器实体的健康状况、剩余寿命、故障信息等。此外，通过对产品全生命周期的数据采集可以为每个具体产品生成独有的产品数据包，记录了从设计、生产到服务、报废回收的全流程。通过从产品、过程、时间等不同维度开展大数据分析，可以实现产品的可靠性分析和产品质量改进。基于数字孪生技术，产品用户不需要等问题发生之后再联系售后人员，而是在问题发生之前，厂商就会主动联系客户，为其提供维修、更换等贴心服务。

案例

陕西陕鼓服务化转型

陕西陕鼓在2001年就提出，在工业领域专业化系统服务将成为消费趋势，制造企业要向用户提供完整的解决方案。于是，陕鼓改变单一服务观念，转变为透平（英文Turbine的音译）机械系统的供应商和服务商。通过交钥匙工程，解决整个风机系统问题，甚至是整个流程的问题，最大限度地适应客户的需求。陕鼓的旋转机械远程在线监测及故障诊断系统，通过互联网传输系统运行的数据，以数字孪生为载体，由技术专家诊断，全天24小时为用户提供在线技术支持，降低了用户的维护检修成本。陕西陕鼓旋转机械远程监控如图11-7所示。

图11-7　陕西陕鼓旋转机械远程监控

目前，陕鼓已为全国58家用户的200余台套产品提供了远程检测服务。陕鼓还牵头成立了由56家企业组成的成套技术协作网，对产业链和配套资源进行优化整合管理，强化了服务能力。

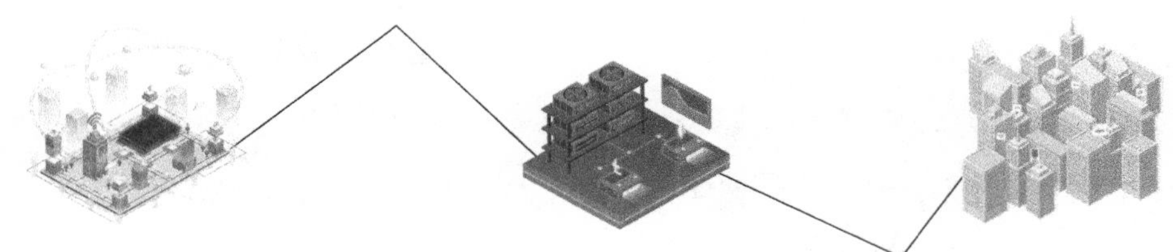

第十二章 Chapter 12 城市安全：数字孪生城市让犯罪无所遁形

安全是城市居民的基本诉求之一，无法保障居民安全的城市发展是空中楼阁。传统的公共安全防范与治理多是依靠“人治”，随着数字孪生技术的深度应用，城市中的部件、事件、人员状态随时可感可知可控，人—机共治的格局将逐步形成。

智能风险预测防患于未然

智能干预是数字孪生城市的主要特征之一，即通过模拟仿真计算，尽早发现城市可能产生的不良影响、矛盾冲突、潜在危险等，以未来视角干预当前的发展轨迹和运行状态，优化城市规划、管理和服务，赋予城市“智慧”。智能干预的对象包括人、物、事等所有城市主体，智能干预的实现建立在对这些对象的状态实行精准感知以及对未来发展趋势的科学仿真分析两大基础之上。

城市异常问题的自我发现。通过感知监测或视频监控图像、加上图像智能分析和识别，实时展示（生态破坏、环境卫生、各类警情、灾害、违章违建、道路遗撒、交通事故等），并可视化展示，在一张图上标注多发地带，提醒过往行人并进行资源的优化配置。例如，警力多分布在警情多发地带。线下视频监控拍到打架斗殴盗窃、人流突然密集、交通事故等图像，自动识别，通过机器学习，识别后自动且及时地在城市数字镜像显示位置、视频、周边情况，由执法者进行处置，自动或人工启动相应处理流程预案。通过对警情类型和区域的深度学习和分析，对警力资源的空间分布进行配置优化。

随着在行人重识别领域对精确初始化、遮挡（包括侧面）、大角度、低光照、大运动、关键点检测稳定性等问题的技术突破，基于现有城市视频监控体系开展个人身份识别、行为识别，并进一步进行异常行为预警与预测将成为公安防护的利器。例如，基于数字孪生城市的全局视频图像分析，目前已经可以帮助警察实现跨摄像头追踪犯罪嫌疑人。2017 年年初衢州市区发生一起车辆被盗案件，两位民警用时 6 小时调阅大量视频资料，在 4 千米范围内的 17 个点位视频发现车辆和嫌疑人。而当民警运用 AI 工具对该起案件重新搜索时，从检索车辆信息获取第一张盗取图片开始，仅用 18 分钟即锁定犯罪嫌疑人目标。在未来，基于数字孪生城市将打造一个 24 小时可靠在线的“智能警察”，通过实时监测全城治安事件，为市民带来有温度的关怀与安全感。

天网恢恢、不疏不漏的态势感知

当前，为满足城市治安防控和城市管理需要，相关部委共同建设了“天网”工程，利用图像采集、传输、控制、显示和控制软件等设备，对固定区域进行实时监控和信息记录。天网工程通过在交通要道、治安卡口、公共聚集场所、宾馆、学校、医院以及治安复杂场所安装视频监控设备，利用视频专网、互联网、移动等网络，通过把一定区域内所有视频监控点图像传播到监控中心（即“天网”工程管理平台），对刑事案件、治安案件、交通违章、城管违章等图像进行信息分类，为强化城市综合管理、预防打击犯罪和突发性治安灾害事故提供可靠的影像资料。随着“天网”工程的不断推进，一张覆盖城乡的巨型视频天网正逐步成形。然而，随着“天网”覆盖面的增加，软硬件设备（尤其是前端设备）的支出也迅速攀升。数字孪生城市这一新兴技术理念的出现，将极大地推动“天网”工程降本增效。

在传统建设模式下，监控摄像头的型号选取、布设位置等都具有一定的粗放性、随意性，对于错综复杂的三维城市空间环境而言，单纯依靠人工测算分析获得的视频安防监控系统布设方案难免出现监控死角，这让不法之徒有机可乘。通过将摄像机的关键性能参数（如彩色/黑白、分辨率灵敏度、CCD 靶面大小、扫描制式、供电电源类型、信号同步方式、工作所需照度等）集成到数字孪生城市之中，在设备型号库、资金池等给定约束条件下可针对特定拟监控区域，基于空间光路可达性分析、视频监控成像质量分析、不同天气/光照条件下监控能力分析等，形成最优的摄像头布设方案。此外，引入自动驾驶巡逻车、自动驾驶无人机等可移动智能化监控装备，打造全时全域、动态灵活的视频监控体系，使“天网”工程以最高性价比达到最优成效，让不法分子无处遁形。

人机协同让“雪亮”更“透明”

为提升城乡综合治理能力，把治安防范措施进一步拓展到群众身边，我国实施了“雪亮”工程。“雪亮”工程是以县、乡、村三级综合治理中心为指挥平台、以综合治理信息化为支撑、以网格化管理为基础、以公共安全视频监控联网应用为重点的“群众性治安防控工程”。它通过三级综合治理中心建设，发动社会力量和广大群众共同监看视频监控，共同参与治安防范，从而真正实现治安防控“全覆盖、无死角”。因为“群众的眼睛是雪亮的”，所以称之为“雪亮”工程。

让“雪亮”工程真正“雪亮”起来的根本方式是将以“人”治“机”的模式转变为以“机”治“机”的模式，即让计算机去处理海量数据，提炼形成高价值信息，进而与人协作，形成“人—机共治”的新格局。在数字孪生城市技术体系下，城市所有的部件、事件均已实现由物理空间向数字空间的精准映射和实时同步，结合“雪亮”工程采集到的视频信号，可以开展更精准、迅速的AI监看，在海量视频数据快速涌入的情况下，依靠流数据处理、分布式计算等技术手段，即时发现城市部件的损毁、城市事件的异常，大幅提升监看效率和精度。

案例

阿里云ET城市大脑基于数字孪生城市开展警情自动监控

第一，“全城感知”升级

以机器视觉、互联网/物联网数据分析代替交警巡逻，检测交通事件。

以杭州交警建设的城市大脑为例，交通数据主要来自4类城市大数据源：第一类，高德等互联网实时交通数据，作为决策基础；第二类，路面视频数据，汇聚不同厂商摄像头全量视频；第三类，路口地下线圈数据；第四类，交警机构的卡口等数据。这4类数据共同打穿政府部门间的数据孤岛、系统孤岛、决策孤岛，实现从“单点感知”到“全面感知”。从识别车牌到识别路面万物的智能进化，ET城市大脑中的“天曜”产品如同一个“眼观六路，耳听八方，于运筹帷幄中决胜于千里之外”的虚拟交警，如图 12-1 所示。“天曜”用全城路网上 24 小时在线、360° 观测的球机监控替代一线警力巡逻，实时报警全城交通事故，20 秒内识别汽车走快车道、摩托车上高架、行人横穿马路等全部交通违法行为，甚至对多发路口的不合理交通规则进行优化，不增加任何外场设备，在复杂社会环境中实现精准布警、警力资源的可再生式发展。另外，全局感知带来全局智能，萧山城市大脑为赶赴伤病患者地点的 999 急救车开设一路绿灯的“生命快速通道”，恰到好处的动态路权精准分配既是城市对交通正义的突出体现，又是政府对挽救生命的极致追求。

图 12-1　天曜：全天候在线巡警

第二，“全城检索”升级

天曜服务以视觉搜索代替警力挖掘海量视频，让涉案目标“主动现出原形”。对于每天发生的儿童走失、肇事车辆逃逸等报案，传统手段是以投入大量警力的人海战术来查看各路口的监控视频数据，而ET城市大脑中的“天鹰”产品如一位“过目不忘，明察秋毫，全城寻踪”的在线福尔摩斯，具有世界第一的行人识别准确率，“天鹰”（96%）甚至超过了人类识别能力（94%），业界智能安防产品部署在6~12米高的路面摄像头上，根本无法看清人脸，只能看到头顶发际线，加上天气环境多变、摄像头分辨率较低，追踪行人误差很大，而阿里云在嘉兴、衢州的“雪亮”工程中，“天鹰”产品依靠行人、车辆、物体的全方位细节识别，首次在警务实战中实现“精准搜人”，对中国两亿老年人群体和老龄化社会具有巨大的公益价值。

第三，“全城预警”升级

以数据流预测车流和人流，精准预知交通拥堵并防患于未然。在苏州，城市大脑“天机”产品如同一位“以古推今，洞悉未来”的在线交通顾问，凭借城市交通历史数据，预判某个区域未来10分钟至1小时的交通态势，帮助交通管理者在交通堵点出现前制定应急预案、提前实施交通疏导措施，根据社会性赛事演出活动、城市出行历史数据、天气数据预判特定时间段的交通状况，这项阿里云的独家绝技正在苏州落地。

第四，“全城创新”升级

提供大规模、高并发的视觉计算开放平台，承载“天曜”“天鹰”“天机”和第三方生态应用，汇聚大众智慧，解决百姓问题。作为城市大脑的“加速器”，“天擎”处理16小时视频仅需1分钟，实现了“千倍加速”。平台包含视频接入系统、实时/离线计算系统与视觉搜索系统三大组件，以开放服务平台共享大规模视觉计算解决方案，交管机构能够实现多摄像头联动研判、跨摄像头合作分析、百万亿级图片以图搜图、高精度全覆盖抽取图像特征等丰富的治理功能。

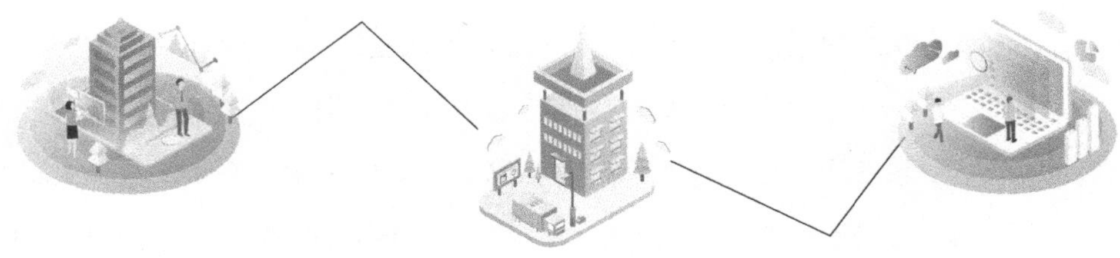

第十三章 Chapter 13 应急指挥：数字孪生开启应急“智”理新时代

随着我国经济社会的发展，城市的规模快速扩大，企业工厂越来越多，火灾、水旱、地质灾害、安全生产等时有发生，相关应急系统平台滞后，新技术手段缺乏，给人民生命财产带来了巨大的损失。当前，以物联网、大数据、人工智能等新技术为代表的数字浪潮席卷全球，数字孪生技术应运而生，深刻影响着应急管理，开启应急“智”理新时代。

应急仿真预案更加贴近实战

应急演练是指针对待定的突发事件假想情景，按照应急预案所规定的职责和程序，在特定的时间和地域执行应急响应任务的训练活动，它是提高各级领导干部危机意识，增强广大人民群众安全知识，检验各行业各级应急预案的科学性和可操作性，提高全社会综合应急能力的重要环节。实践证明，应急演练能在突发事件发生时有效减少人员伤亡和财产损失，迅速从各种灾难中恢复正常状态。

然而，一些企业和单位为了演练而演练，把演练当“演戏”，“演”的成分多于“练”的成分，不能达到检验预案、锻炼队伍、提高突发事件处理能力的目的。

应急仿真演练采用 VR、MR、GIS 等技术，通过对各类灾害数值模拟、重大事故模拟和人员行为数值模拟的仿真，在虚拟空间中最大限度地模拟真实情况的发生、发展过程，以及人们在灾害环境中可能做出的各种反应，并结合语音命令、手势识别，实现数据流输入输出和检索，执行实际突发事件发生的应对虚拟演习。根据不同的训练目标和任务，提供相应的虚拟场景，并在场景内模拟不同的灾害或突发事故，形成逼真的虚拟仿真演练环境。

应急仿真演练有以下 5 个特点：

第一，根据不同的训练目标和任务，可设置不同的演练场景，摆脱对现实的环境依赖，不受时间场地限制，节约成本；

第二，可依据现实场景制造一个逼真的虚拟仿真环境，用户自行设置突发事件，通过虚拟演练提升现实的作战水平；

第三，采用人机交互的方式参与到演练中，多人协同操作，提高演练的真实性和可操作性，实现不同角色训练的目标；

第四，记录并能回放整个演练过程，为训练总结、处置预案生成等提供手段；

第五，根据预案演练的结果，对已有应急预案及相关角色进行考核。

案例

武警交通部队应急救援模拟演练系统

针对部队练兵任务少而实战演练成本过高的问题，武警交通部队推出了一套“武警交通部队应急救援模拟演练系统”。该系统运用虚拟现实技术、数字仿真技术和信息可视化技术，构建设定的事故场景，如海啸、地震、泥石流等自然灾害以及火灾、交通等人为灾害，受训者沉浸在三维的虚拟环境中，多部门协同应对各种可能的突发情况，实现增强应急指挥能力、丰富士兵协同应战经验、提升部队实时作战水平的目标。

演练系统在武警交通部队综合信息网的基础上，由综合信息数据库、导演组客户端、演练组客户端和评估组客户端 4 个部分构成。应急救援模拟演练平台技术架构如图 13-1 所示。

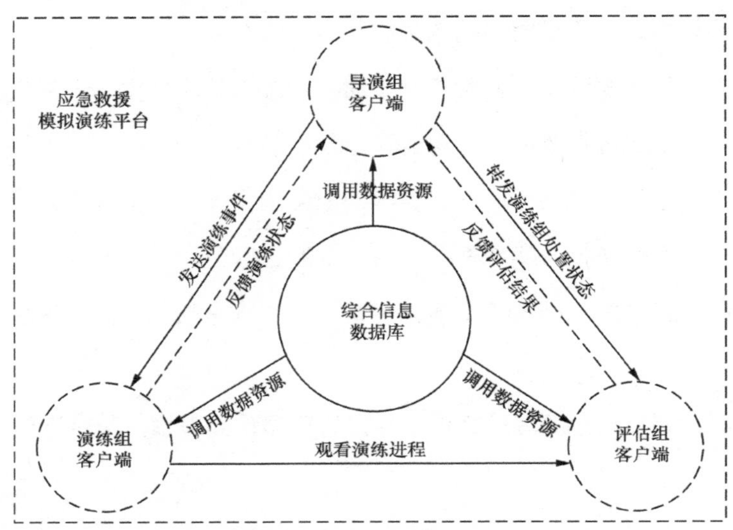

图 13-1　应急救援模拟演练平台技术架构

综合数据库在整套系统中处于核心地位。它为导演组客户端提供了一个集气象、地形、灾害类型等各种数据库的“试题库”；为演练组客户端提供各种可利用的应急信息和设备信息，以便受训者实施各种应急动作；为评估组客户端提供模拟演练中救援时长、物资消耗等数据，以便对模拟效果进行评估。

导演组客户端在模拟演练中担任发起者的角色，主要有两个任务，即为演练前的任务设定和演练中的临机导调，在险局、困局和变局中检验和提高部队快速反应和应急处置能力。

演练组客户端即演练中的受训者，其完全沉浸于设定的模拟场景中，对导演组客户端设置的各种紧急情况做出应急反应。

评估组客户端即演练中的评价者。评估分为主观评估和客观评估两个部分。其中，客观评估是根据综合数据库提供的各类数据形成评估指标体系并进行打分，主观评估是由专家组对受训者整体能力做出的评价。

案例

煤矿安全仿真演练

煤矿安全仿真演练利用国际领先的虚拟现实、三维仿真和计算机交互技术，使用户足不出户就可以对煤矿工作进行三维立体感知，并与井下机器进行实时交互，帮助开采人员快速熟练掌握操作技能并处理应急事故，煤矿安全仿真演练如图 13-2 所示。

图 13-2　煤矿安全仿真演练

相较于传统演练，煤矿安全仿真演练能够带来更有效的真实感。使用者只需戴上 VR 眼镜和体感设备，透过系统天生的仿真场景，就仿佛身临其境。此外，通过对各种事故的模拟，使用者可以熟悉各种事故的发生状态，并且主动分析原因，从而在实际操作中提前预防和有效应对井下事故，降低操作危险。

应急资源管理：让应急资源空间布局更优化

应急资源的保障能力是衡量应急管理能力的重要指标之一。加强应急资源优化配置是开展应急管理的主要内容，合理优化的应急资源配置对提升应对突发事件的科学技术水平和应急能力具有非常重要的意义。政府作为应急活动开展的核心力量和领导者，拥有、控制、利用和借用的应急资源占绝大部分，他们对这部分资源基本上能够做到心中有数，并且可以利用先进的技术手段做到有效管理。

2006 年 1 月 8 日，国务院发布了《国家突发公共事件总体应急预案》（以下简称“总体预案”），要求“有关部门要按照职责分工和相关预案做好突发公共事件的应对工作，同时根据总体预案切实做好应对突发公共事件的人力、物力、财力、交通运输、医疗卫生及通信保障等工作，保证应急救援工作的需要和灾区群众的基本生活，以及恢复重建工作的顺利进行”，同时要求“要建立健全应急物资监测网络、预警体系和应急物资生产、储备、调拨及紧急配送体系，完善应急工作程序，确保应急所需物资和生活用品的及时供应，并加强对物资储备的监督管理，及时予以补充和更新。

地方各级人民政府应根据有关法律、法规和应急预案的规定，做好物资储备工作”。

目前，国内应急资源管理还存在诸多问题，有待通过新技术、新手段去解决。一方面，由于过去单灾种管理体制的影响，应急资源的管理工作一直处于分散无序的状态，没有从全局的角度充分统筹考虑多种灾害而配备应急资源。另一方面，应急资源的管理低效，缺少对资源配置绩效的评价和管理标准。事发前应急资源动态配置不足，大多采用事后紧急筹集、调动救灾资源的传统做法，这使各种已有的资源不能实现有效整合，资源只能简单相加而无法产生网络效应。

应急资源管理通过 GIS、三维模型、图表等多种方式展现资源的地点、数量、特征、性能、状态等信息和有关人员、队伍的培训、演练情况，便于迅速调集救援资源开展救援，实现应急物资信息的实时统计、迅速调集和优化配置。

案例

可视化应急资源管理系统

可视化应急资源管理系统利用地理信息（GIS）可视化技术实现对区域范围及周边相关救援资源、医疗、工程抢险、治安保卫、交通运输、后勤等相关联动单位信息的管理，建立应急资源管理系统，实现应急资源信息录入、修改、查询、统计等基本功能以及可视化管理功能。对于应急救援资源信息的管理采取了“平时记得准、战时调得到”的模式。

系统的主要功能有以下 4 种。

应急资源统计。实现对各级、各企业应急指挥管理机构、应急队伍和救援力量、应急物资设备、应急专家、应急通信资源、应急运输资源、应急医疗资源、应急资金、应急避难场所等资源信息的管理。

应急资源三维可视化展示。实现与地理信息系统、重大危险源系统融合对接，在空间下显示应急资源的整体分布情况，只要在二维、三维地图上点击某个重大危险源便可查看附近相关的应急资源配备情况。

应急资源优化配置。采用地理信息技术、虚拟现实技术以及车辆定位技术，结合遗传算法、模拟退火算法等先进的模型求解方法，研究并实现应急资源优化配置全过程的仿真模拟方法，并利用模拟结果分析优化模型的可靠性，进一步完善模型。

应急资源调度管理。在地图上定位事故地点，系统快速查询事故发生地点附近的救援力量（包括消防、急救与企业救援资源力量等），以及交通和建筑的分布情况；能与应急救援指挥系统、应急预案管理系统无缝结合，应急预案和应急资源能够做到数据相关、逻辑相关，以便相互调用。

实时灾情沙盘：让应急指挥大厅与现场“零距离”

传统实时灾情基于通信网络、智能分析、GIS 等技术，融合了通信调度、视频监控、视频会商和动力环境等各类信息资源，建立了全程可视化综合决策指挥系统，通过对本区域、跨区域、多部门的联合指挥，实现了对突发事件的快速上报、统一部署和及时处置，用户可快速、方便、全面地了解现场情况及事件进展，提高了应急响应与决策指挥的能力和效率，但在快速、全面获取灾情信息方面仍存在响应不及时的问题。

实时灾情沙盘利用虚拟现实技术、地理信息技术、数据压缩技术、网络技术等各种高科技手段，模拟出一个全三维、逼真的虚拟环境，并将空天、地面、地下、河道等各个层面的传感器获取的数据精准映射，实现了对实时灾害情况的充分感知、动态监测。

实时灾情沙盘与现在已有的电子沙盘相比，除了电子沙盘具有的效果外，它对规划、景观的展现更具有立体直观的演示效果，恢复了沙盘本来的含义，并且不再需要实物沙盘。

案例

中科图新消防应急三维可视化平台

中科图新消防应急解决方案运用 GPS 定位 + GIS 分析查询 + 无人机航拍倾斜摄影模型 + 模型后期高质量高效率应用等多项国内外领先技术，依托中科图新强大的二三维地理信息平台，构建了一套包括二三维数据录入、数据利用和分析、三维可视化展示、数据库管理的消防应急规划、仿真、展示平台。实现三维仿真地理信息数据与消防专题信息无缝整合，成为消防安全保卫、消防资源管理、消防力量调度、灭火救援应急指挥等的重要辅助手段。

中科图新消防应急三维可视化平台，构建了消防业务的三维虚拟现实场景，直观展示了地形地貌、城市三维建筑、消防设施分布等多源信息，开发制定的消防应急辅助决策系统实现地图显示与操作，以及三维场景的漫游、缩放、飞行、旋转等，生动直观地提供了消防数据、信息、资源的使用和管理新途径，使公安消防应急辅助决策、警情空间分析、预案管理推演功能服务于消防信息化。

平台的研制与使用，极大地提高了消防部门的信息化水平和管理效率，实现了消防管理超越时间、空间与部门分隔的限制，对特殊、突发、应急和重要火灾事件做出有序、快速而高效的反应，向社会提供全方位的优质、规范、透明的应急管理和服务，提高了政府保障公共安全和处置突发公共事件的能力，从而促进经济社会全面、协调、可持续发展。

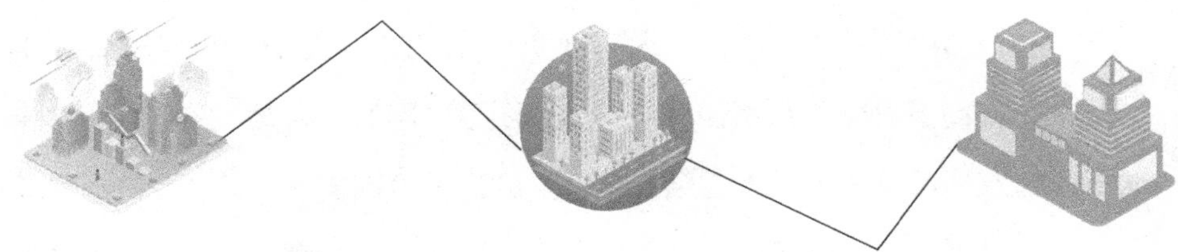

文化旅游：虚实融合打造旅游新体验

随着 GIS、三维可视化、虚拟现实、3D 互联网等技术的不断发展和深入，人们不但可以利用计算机去处理图形、图像、视频、声音、动画等多种信息，而且还可以将三维实体、三维环境等现实场景以虚拟现实的形式表现出来，产生交互式的动态仿真。科技与旅游的融合发展不仅为传统旅游带来活力，而且催生了新生代的虚拟旅游。未来的旅游是虚实结合的场景，是旅游的场景化、电商化、虚拟化的融合。

虚拟景区实现不出家门的旅行

虚拟景区就是利用现代计算机数字技术，通过海、陆、空全栖 VR 高清拍摄，加以后期沉浸、交互特效技术处理模拟真实景区，在计算机和互联网上再现景区真实场景，让用户在家里享受“说走就走”的旅行。此外，通过三维建模、VR 技术能够逼真重现海岛的人文历史景观，让神秘的历史褪下面纱，给游客带来沉浸式体验。

案例

V故宫

随着 VR、AR 技术的发展，各行各业都在广泛运用该技术。近年来，故宫博物院也紧跟科技潮流，在积极运用互联网、大数据、人工智能、虚拟现实等技术创新文物展示方式的同时，也在不断尝试将故宫的数字化成果推向全社会，惠及更多的观众群体。

“V 故宫”项目是故宫博物院自 2000 年以来在虚拟现实等新技术应用研究的成果汇聚。作品以紫禁城的代表性建筑为主体，在高拟真度再现金碧辉煌的紫禁城的同时，多层次深度解析建筑背后蕴含的传统历史文化知识，为公众提供感受故宫魅力的沉浸式体验方式。

2018 年 12 月 19 日，故宫博物院发布第七部大型虚拟现实作品——《御花园》，如图 14-1 所示。该作品结合史料研究创造性地还原了这里曾经的植物、动物、假山、建筑构成的生态系统，在虚拟现实的世界里再现了一个生机蓬勃的皇家园林。《御花园》首次应用行业内领先的三维引擎实时渲染光影，充分展现御花园在一天中的不同风采；在虚拟的世界里，复原了御花园中曾经饲养的小鹿、游鱼、曾种植过的海棠树等，在直观展现御花园历史风貌的同时，营造出活泼灵动的园林空间；作品首次引入现场大屏与小屏协同互动的观看方式，为观众揭示更丰富的隐藏知识。

图 14-1 故宫博物院大型虚拟现实作品《御花园》

此前，故宫博物院已先后制作了《紫禁城·天子的宫殿》《三大殿》《养心殿》《倦勤斋》《灵沼轩》《角楼》共6部基于剧场环境的虚拟现实节目。

通往未来的VR主题乐园

作为实体旅游的补充，VR技术可以让游客体验现实中很难或者根本无法体验的内容。例如，企业推出虚拟太空旅行，让每个普通人都可以在安全、沉浸、可交互的虚拟现实中完成遥不可及的太空旅行梦。旅行者不必担心辐射、振动、巨大噪声等考验，即可感受火箭发射、轨道飞行、太空站生活、月球登陆、火星漫步、太空搬家等系列太空之旅的现实感视景。

与普通的VR线下体验店相比，VR主题乐园通过VR的技术增强体验感，既给予玩家VR所特有的沉浸感，又能够给予玩家丰富的游乐体验。

案例

The Void 主题乐园

The Viod在美国犹他州盐湖城开设了全球首家VR主题乐园。该主题乐园占地约32374平方米，由多个300多平方米的房间组成，每个房间拥有高密度泡沫墙壁，以及制造风、水、雾、冷、热等效果的设备。目前，The Void在全球发展迅速，已建成11个主题乐园。

游客穿上全套的VR装备，包括一个头戴式的显示器、一个特殊定制的高科技背心和一杆金属质感的枪械，就能在The Void主体乐园享受20分钟左右的超现实极致VR体验。在整个体验中，你完全沉浸其中：你能触摸你看到的栏杆；当看到一把椅子的时候，你可以坐上去；你可以用墙上的火把来照明并感受它的热度……VR体验示意如图14-2所示。

图14-2 VR体验示意

The Void主题乐园所采用的许多VR产品皆由The Void自行研发而成，如VR头盔Rapture、Rapture触觉背心等。VR头盔Rapture是一款基于射频的追踪系统的头盔，其拥有广阔的视野、高清晰的屏幕。头盔内置高效隔音耳机，能够让玩家不受外界杂音干扰，体验环回的立体现场音效。Rapture触觉背心则是一款将电脑和电池装入背心的VR设备，玩家可以不受电脑的局限，在场地中随意走动。该背心拥有5种触觉效果和22个传感点，因此玩家可以感受到被撞击时的疼痛、爆炸时产生的热浪，以及由能量交换而引起的震动感。

案例

东方科幻谷主题乐园

“东方科幻谷”主题乐园作为世界首个VR主题乐园，如图14–3所示，旨在打造“中国首个VR大型主题乐园”“中国第一个外星文明探索基地”“世界最大的钢结构机器人”“中国首个UFO科幻主题酒店”等多个“第一”，为游客提供全方位高科技娱乐体验，更为青少年和科幻迷展示全球最新的科技，寓教于乐，启智未来。

图14–3 “东方科幻谷”主题乐园

园区以外星文明基地为背景，以十二星座 IP 人物为元素，通过运用 VR、AR 等高新技术整合传统的乐园游艺设备，打造 VR 过山车、VR 电影院、全息外星人基地、儿童科幻世界、机器人乐园等科幻体验项目，很多体验项目都是乐园创新研发设计的，包括中国第一台、全球第二台“VR+ 过山车”项目。

孪生实景看房：提前体会入住感受

虚拟现实技术所带来的沉浸式体验，是其他媒介形式，如电视、广播、杂志、网络等所望尘莫及的。以酒店营销为例，通过虚拟现实技术，让目标游客沉浸到酒店设定的环境中，展现酒店的魅力，调动目标游客的情绪，通过对目标游客感官上的刺激，使其产生一种“我现在就要预订”的购买欲。

案例

同程艺龙VR订房

VR 订房采用的是 3D 实景克隆技术，即通过 3D 相机采集空间的三维点云数据和色彩数据，再通过算法生成空间的三维结构，形成 1:1 大小的 3D 实景空间，如图 14-4 所示。

用户在预订酒店时，之前主要看文字介绍和图片展示，而 VR 订房视角灵活，既可以自由操作，还可以模拟最真实的观看体验。目前，成都的 100 余家酒店在线预订时已可使用 VR 功能观看。

图 14-4 VR 订房 3D 实景空间示意

私人的随身旅游数字助理

随身导览是利用多媒体、三维建模、实时视频显示及控制、多传感器融合、实时跟踪及注册、场景融合等增强现实技术，将计算机生成的信息（包括文字、图像、三维物体等）以视觉融合的方式叠加至线下旅游游览中，在用户眼前呈现"增强"了的世界，从而使用户拥有超越现实的感官体验。

旅行中，游客通过移动设备智能识图打开数字世界交互的窗口，可以为景点、展品、历史文物等提供 AR 导览与解说，相比传统的图文形式更生动有趣。

案例

奥体公园AR

"奥体公园 AR"是一款融合增强现实技术、语音识别技术、虚拟现实技术以及定位技术，针对自由行游客开发的智慧旅游应用，提供实景导览、虚拟导航、实景增强、虚拟拍照、分享推送、在线购票、3D 地图和路线推荐等服务，满足自由行游客在游前的信息查阅和攻略设计，以及旅游中的导览、导航、导游、导购等各种需求。

其功能包括以下 5 种。

实景导览。立体实景地图将虚拟与现实融合，举起手机环绕四周就可寻找好吃的、好玩的，方便快捷，轻松游玩。

实景导航。真实街景导航，虚拟宠物带你寻路，导航路上不失趣味。

发现惊喜。搭载最新的增强现实技术（AR），让你周边的景物动起来，让名画告诉你历史，让建筑给你讲故事，让虚拟形象跟你玩耍，还能把与虚拟形象的合照转发至各大平台，让你在朋友中彰显个性。

精华游玩路线。到了景区不知道怎么玩？提炼精华游玩路线。

智能语音导游。当你漫步景区时，可以为你语音讲解人文历史，它像一本百科全书为你提供知无不言的讲解。

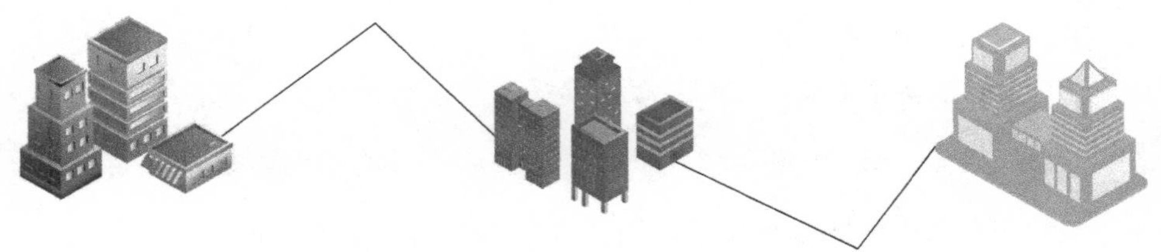

第十五章 Chapter 15 医疗服务：人体数字孪生揭示生命奥秘变革诊疗模式

数字孪生理念的持续深入延展，伴以孪生技术的不断成熟。数字生活已经大规模、深层次地渗透到我们的日常生活中，正在持续改变着社会活动。医疗服务领域同样正在经历这场信息技术革命驱动的“破坏式改造”，而这场“破坏式改造”的源点，正是在人类数百万年的历史长河中，我们首次掌握了全方位数字化虚拟人体的技术。尽管这项技术尚不成熟，但数字化虚拟人体的趋势已不可逆转。

我们能够看到，目前在医疗诊断、就诊、健康管理各个方面，数字技术正在持续而深刻地改变延续了数千年的“望闻问切”式的就诊模式，而这一改变仅仅经历数十年，医学成像、基因图谱、3D 打印器官……仿佛一夜之间我们已经进入了智能医疗时代，而这一改变的主要推手就是数字孪生技术。

在信息消费浪潮迭起的时代，我们已经可以对照片、书籍、报纸、影视等信息进行数字化处理，信息传播的媒介也全面从线下转移到线上，而且这种改变似乎大家都习以为常了，但其暗含了“数字孪生”的理念。想象一下在现实世界的平行维度，有一个架构于网络之上的虚拟世界，现实世界中的每张照片、每本书、每份报纸、每盘录像带，都在这个虚拟世界中映射出一个信息完全一致的虚拟物体；它们有同样的内容结构，传播着同样的信息，并且可以方便地随时查看任何想看的地方，放大，缩小，旋转，随心所欲。

如果延续这个思路，而将主体换作我们人类个体本身，又会发生什么呢？未来，我们通过持续监测个体的全量生命特征甚至是更深层次的基因组编码，刻画出基因序列、脑神经和电波波动，使我们能够在网络空间模拟出一个与现实个体完全一致的孪生个体，心跳、血压、体温、血氧、血糖、情绪、呼吸、肢体运动等都与物理个体保持同频同步。有了这样具象、精准的数字孪生个体，我们的医疗诊断和治疗将拥有前所未有的清晰度、高效率和准确度。听起来虽然有些科幻的味道，但这一切都正在发生。

此外，在数字孪生城市的模式下，整合智能可穿戴设备和医疗设备采集健康数据、电子病历等各类个人健康数据，形成完备的个人医疗健康档案，将开启全生命周期式的智慧医疗服务。患者的电子病历及各项数据同步到云端，实现院际间、区域间、国家间数据的互通共享，将打通远程会诊的渠道。患者通过远程医疗协同平台，可以在“虚拟医院”中在线挂号、远程诊断，就医时间更加灵活便捷，足不出户就能解决“看病难”的问题，也减轻了医院和医生的压力。同时，利用人工智能协助分析、诊断，应用辅助诊疗系统、智能导诊系统、智能检测仪器、手术机器人等智慧医疗设备系统可以提高医生判断的准确性，使患者可以接受更高水平的医疗服务。

“孪生个体”为医生诊断戴上“透视眼镜”

航空发动机是飞机的心脏，发动机的性能和可靠性直接影响飞机的性能和与安全。由于发动机的结构复杂且工作环境恶劣，发动机在试验及使用的过程中面临诸多故障。健康管理系统作为航空发动机的“贴身医生”，实时跟踪发动机的状态，并针对可能发生的故障提出具有建设性的解决方案。目前，全球各大航空公司基本都在推动基于远程监测的航空发动机健康管理系统的应用普及。

具体来看，这一平台的主要工作流程如下：一方面，通过在发动机中内置大量传感器，全程全时监测和分析机载实时获取的发动机参数，对比分析参数与机载发动机的数字模拟模型，判断参数是否存在超限和异常增量特征，把判断结果记录在机载事件报告中，飞行结束后将报告发送给地面系统，指导维护人员开展相关检查和维护工作；另一方面，通过特定的故障诊断算法对参数实时分析，提取超限特征和增量异常特征，并将参数异常特征与部件、系统故障模式的参数权值进行实时匹配，计算故障概率，生成机载故障报告，指导维护人员操作。

这个过程本质上是将发动机从“地面—空中—地面”的一个完整闭环的运行状态全面记录和映射到“数字孪生空间”中，通过对这个过程进行量化度量和深入分析，找出发动机可能存在的隐患或发生事故的原因。

类似的，在面向人体的医疗服务中，基于数字孪生技术，医疗服务体系也正朝着“数字孪生”的方向前进。

人体本身就是一台超精密的大型设备，相比航空发动机有过之而无不及。人体大到呼吸系统、消化系统、神经系统、血液系统、循环系统、骨骼系统，小到一块肌肉、一个关节、一个神经元、一个突触、一个细胞，都在按照最优原则精准、连贯、协调、永不停歇地运行着。建立对人体特征全面实时监测的数字孪生体，虽然难度远远大于为航空发动机建立一个健康管理系统，但核心理念是一致的，而且通过实践来看，这一切并非遥不可及。

我们每个人在一年一度的体检中，医生通过各种手段监测到我们的体重、身高、血压、血糖等一系列基础指标。但客观来说，这些指标只能算作抽样数据和简单样本，而且在一定程度上是“过时”的，因为这些指标都处在动态变化之中，体检报告反映出来的身体状态是一个月前的“你”，而非现在的“你”。还有一些实践已经开始朝准实时监测演进，例如智能手环、智能手表、智能体重秤、智能跑鞋等；有了它们的帮助，我们已经将生理指标的采样周期从年、月、日提升到分钟甚至秒钟，而且不用非得跑医院才能得到这些数据，从而让我们能够及时地了解自己的身体状况。

这种“穿透式”的诊断能力不仅在时间维度上不断提升，在监测的广度、深度和精度上也在快速突破。例如，脑电波监测设备全天抓取佩戴者的脑电波活动情况，分析佩戴者是处于清醒、浅睡、快速眼动睡眠还是深睡状态；相比每天扎指尖采血，基于实时动态血糖检测系统的皮下传感器实时监测糖尿病患者的血糖含量，对患者更加友好；可穿戴式心脏监测器产品开发商 iRhythm 的敷贴产品能够 7 天持续监测佩戴者的心率数据；AliveCor 通过安装于手机背部的两个传感器记录的一个时期的心率，并且可以将心率数据保存在手机上或通过网络发送给医生；美国 AirStrip Technologies 公司发明的 Airstrip Ob，能够对待产母亲的宫缩和胎心数据进行实时监测并传输到手机上，这让医生无论多远都能随时掌握高危孕妇的情况。这些应用已经开始呈现竞相发展的态势并正在快速普及推广。

这种全天候数据样本采集的优势已经远远超过“年报式”“抽样式”的数据采集了，数据更加全面实时，有助于我们更加准确地了解自身的身体和心理状况。与此同时，这种常态化监测对某些群体来说还会更准确。例如，有人在医院的特定场合下，很多指标会发生异常，如见到医生就血压升高，即所谓的“白衣高血压”现象；另外，很多生理指标会出现偶发式异常，如心脏偶发悸动、偶发头晕等，并且有些异变特征预示了一些潜在的病变，而这种指标往往难以在体检报告单的单次抽样数据中反映出来。

更专业的数据监测则具备更强有力的分析能力，例如基因测序和器官成像。基因测序工具的快速发展，为基因诊断和诊疗插上了翅膀，同时也让更多由于基因突变或异常引起的“先天性”或“原因不明”类疑难杂症有了被攻破的希望。器官成像技术让医生不用开刀就能一窥人体各个器官的形态、系统情况、运行情况和缺陷情况。目前器官成像已经运用到大脑、心脏等主要脏器和血管、冠状动脉、牙齿等细微器官的诊断之中。

得益于这些高精度的三维成像技术，目前人们已经可以通过 3D 打印得到符合个体需要的一些器官和身体部件，如心脏、肾脏、血管、牙齿等。2019 年 4 月 15 日，全球首颗完整心脏在以色列特拉维夫大学被“打印”出来，研究人员以病人细胞为主要材料，通过 3D 打印技术，成功打印出全球首颗拥有细胞、血管、心室和心房的“完整”心脏。视见科技研发的胸片智能诊断系统能够快速精准地检出结节、自动肺分段，定位结节位置，并计算出 100 多个影像组学信息，依据亚洲共识为结节分类，为医生诊断提供医学依据并提供随访结节对比，追踪结节的变化趋势，预测结节的良恶性，如图 15-1 所示。诊断技术的快速发展为高效的诊疗服务提供了先决条件。

如上文所述，基于种种已经投入使用的监测诊断技术，以及尚在研发和测试的技术，医疗诊断体系正在架起一个个超级“透视镜”，以便更加准确、清晰地监测人体的各种生命体征。未来，我们通过对各种维度、多个来源的生命体征数据进行汇聚、整合，能够基于数字网络构建起与个体完全“同征同频”的“数字孪生体”，它们与数字孪生体保持一一映射，并且各项生理指标完全一致和同步。

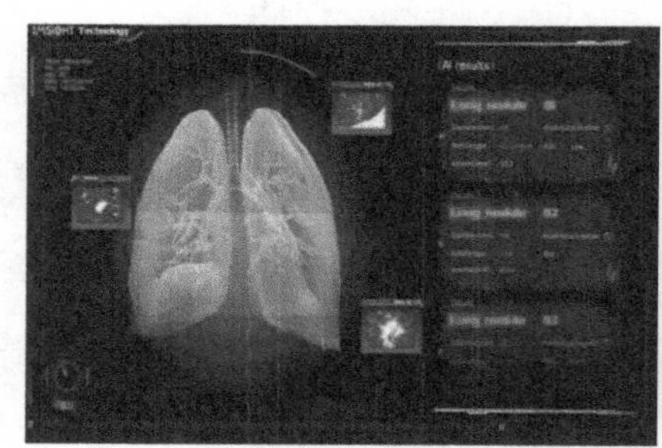
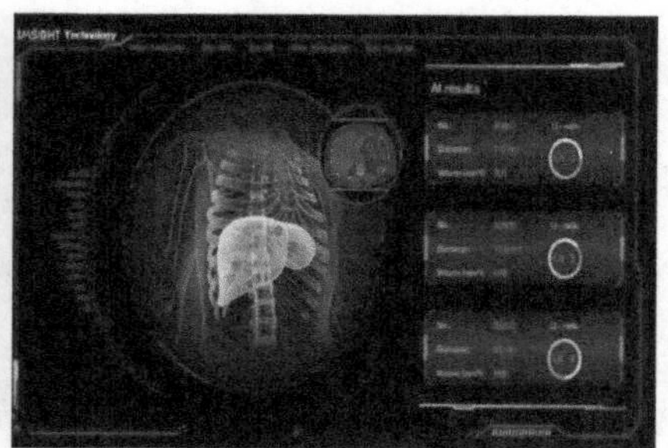

图 15-1　胸片智能诊断系统和肝脏多模态智能诊断系统

在这样的大数据和数字技术的支持下，未来的医疗诊断将变得空前透明，我们将不再需要花费大量的时间与精力去做各种复杂的检查，医生通过访问“孪生体”数据库，即可拥有一双无所不能的“透视眼”，辅以 AI 辅助诊断，即可得知我们正在经历何种病症，或即将出现何种病症。

“数字手术刀”实现方寸间治疗“精雕细琢”

作为一个超级复杂的有机体，人体经常会因为各种原因遭受各类疼痛，如风寒导致头疼，久坐引起腰椎、颈椎疼痛，天气潮湿引发关节炎等。不同病症的发病原因各有不同，成因复杂，本质上都是身体对创伤的正常反应，核心机理都是触发了身体的痛觉感受器，产生电信号后传导至大脑神经中枢，从而产生痛觉。感到疼痛，我们常常会选择服用止痛药，如阿司匹林、布洛芬等。那么，这些止痛药到底是如何发挥作用的呢？为什么不管是头疼、腰疼还是膝盖疼，服用止痛药后都能直达病灶、降低痛感？难道药物自带“导航”功能？

科学为我们揭示了真相。以阿司匹林为例，药物服下后经溶出进入肠胃，通过充分吸收后进入血液循环系统，迅速抑制了前列腺素的合成，使局部痛觉感受器对缓激肽等致痛物质引起的痛觉的敏感性降低。简单来说，阿司匹林的有效成分阻断了痛觉传输的路径，从而让我们感觉好像没那么痛了。

由此来看，并非止痛药自身携带“靶向治疗”的基因或能力，而是其本质上就是一种“大水漫灌”式治疗方法。阿司匹林的有效成分在人体小肠中经过吸收，进入人体全身的血液循环系统，在我们身体发生病痛的地方显著抑制引发机体疼痛的物质，从而抑制痛觉。能够看出，这种作用于全身来抑制局部病痛的方式存在弊端：一方面，药效的利用率降低；另一方面，可能会对身体其他并未发生病痛的地方造成难以预估的影响。目前，临床上能够明确验证的是长期口服阿司匹林用于止痛、消炎，会导致一定程度的胃黏膜损伤。

那么，未来能否真正实现靶向精准诊疗呢？“数字孪生”在医疗领域的成熟运用为我们提供了一些思路，至少目前我们已经看到了一些苗头。

直到 15 世纪，医学界才开始系统研究解剖学，以便对人体内部构造进行深入的理解和研究。过去的几百年间，大量的生理奥秘通过这种方式被逐渐揭开。但在今天，得益于数字孪生的理念和数字技术的突飞猛进，这一进程得到极大程度的加速。通过 VR，如今医生能够身临其境地观察人体和病灶。医科实习生更是可以借助 VR 应用，彻底规避现实中因不当的实践和训练而带来的风险。

在密歇根大学的一个项目中，VR 能让治疗偏头疼的医生身临其境地观察患者的脑部构造。斯坦福大学正致力于为医生开发基于 VR 的虚拟训练和实践。在这一研究项目中，医生戴上谷歌眼镜，并选择一个有缺陷的 3D 心脏模型进行探索。他们可以探索整个心脏，也可以操控控制器，选择心脏的一部分进行研究。通过这一系统，医生们能够在实际走上手术台前，通过 VR 来预先演练手术过程，争取将手术风险降到最低。

还有一些地区已经开始探索通过数字孪生理念，基于虚拟现实（AR）、混合现实（MR）等技术，在医疗实践中重构患者的患病部位，以便更加清晰直观地辅助手术治疗，取得了良好的效果。2018 年 8 月，武汉协和医院骨科医院实施了一场全球首例混合现实（MR）技术引导下的骨折修复手术。手术前，医生为患者戴上 VR 眼镜，在医生的解说下 360° 全方位地浏览自己骨折部位的 3D 数字“复制品”，了解自己骨折的具体情况和手术方案。随后，通过 MR 技术，主刀医生和助手医生将虚拟的 3D 数字模型与患者的病灶重叠在一起，在外科医生不充分开口的情况下直观掌握病人的内部信息，并叠加显示在虚拟的物理空间上，制定精准的手术治疗方案。

在这一诊疗过程中，医生仿佛“透视”一般操作手术区域的工具，做手术如看透明人。其实这一理念和技术早在几年前就已经在各地医院开展了试点。例如，2016 年以来，广东省第二中医院先后将 AR 技术用于膝骨关节辅助医疗，将 MR 用于肿瘤外科手术。益阳市中心医院利用“3D 打印 +

MR+ 微创”为患者实施骨盆微创复位手术等，如图 15-2 所示。

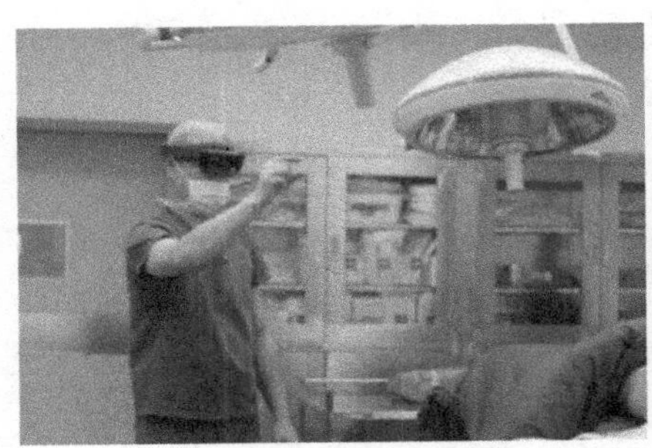
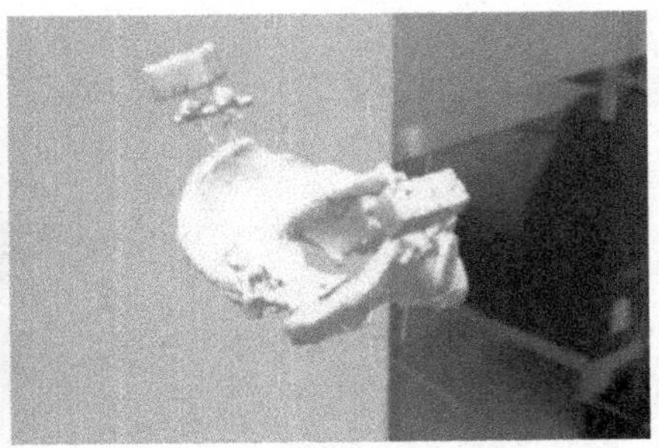

图 15-2　益阳市中心医院利用“3D 打印 +MR+ 微创”为患者实施骨盆微创复位手术

还有一类更前沿的研究已经被批准用于实践中，那就是基因治疗。这项技术主要用于遗传病的治疗。在上一节我们已经讲过，“数字个体”中有一个很关键的发展方向就是基因测序，通过这种新型的基因检测技术，科学家和医生能够锁定个人的病变基因，用于提前预防和辅助诊疗。我们将其定义为高阶的“数字孪生个体技术”，即其在具象的生物体“孪生”的基础上，逐步向生物个体遗传信息库“孪生”进阶。有了这一“武器”，未来的医疗服务将从传统的被动式诊疗向主动式干预、防范发展。

目前，随着这一技术的不断成熟，基因治疗终于被提上日程并开始实际应用。在基因检测结果的指导下，医生通过基因工程技术将正常基因引入患者的细胞内，以纠正缺陷基因而根治疾病。纠正的途径既可以是原位修复有缺陷的基因，也可以是将有功能的正常基因转入细胞基因组的某个部位，以代替缺陷基因发挥作用。

在这些探索和实践中，虽然医生尚未完全实现直接在“数字孪生体”中进行手术或治疗操作，但可以视作对病患的局部进行了“数字孪生”。

通过直观地模拟这些患病部位，医生能够直观地看到具体的患病情况，准确地制定诊疗方案，同时精准地操作手术，实现了在“方寸间”的精雕细琢，并且减少了因为开刀等传统治疗环节给患者带来的治疗痛苦和康复压力。

“生理切片仓库”实现全周期健康管理可感可视

今天，现代医学体系已经趋于完善，医学技术手段日益高明，生物制药技术也在飞速发展。与此同时，我们对人体健康的认识也随着数字技术、网络技术的发展而日益精深。为了能够预防一系列混乱的医疗事故，或在医疗事故发生后能够找准原因并实施行之有效的补救措施，关键就是建立覆盖个体全生命周期的医疗健康数据库，我们将其称为个体的“生理切片仓库”。构成这一仓库的基础数据元，就是目前医疗服务领域正在全面推行的电子病历。

时至今日，全球依然有很多落后国家、偏远地区和基层医疗机构的病历是手写的，保存也非常随意，甚至很多地区没有记录病历的习惯。而在一些比较发达的国家，在国家大量的资金投入和技术支持下，各级医疗机构开始逐步健全自身的医疗信息技术系统，该系统用来记录每位患者各个阶段的检查结果、检查报告、手术记录、化验诊断报告、用药记录、体检报告等，从而形成以个体为单位的数字化就诊档案。

根据我们的就诊经历来看，一个人一生往往要和很多个不同的医疗机构打交道。因此，我们的诊疗数据必然分散在不同的医疗机构、不同的科室和不同的系统之中。按照我们理想的预期来设想，数字化档案需要汇集来自各级别医疗机构的诊疗数据，因为档案是以个体为单位记录的；同时，数字化档案应该能够被方便地调用，而且能够实时更新，以确保被记录数据的准确性，因为每个个体的身体状况都是在随时随地发生变化的。

但在实际生活中，这个系统的使用情况到底怎么样呢？答案是“不容乐观”。究其原因，大量的医疗信息技术系统标准各异、独立运行。档案格式和数据格式千差万别，更遑论医疗机构之间出于患者数据隐私保护和数据安全泄露风险而设置的种种管理规定。就这样，一个一个的“数据烟囱”基于互异的标准体系继续累加，不断生长，直到数据量越来越大，系统改造和对接的成本越来越高，最终成为一个个封闭的数据孤岛。

美国退伍军人健康管理局（VHA）是美国最大的综合性医疗保健系统，有1700多个医护站点，每年为大约870万退伍军人提供医疗服务。自20世纪末起，美国退伍军人健康管理局就构建了非常成熟的电子病历系统，并开始在临床决策上投入使用。随后，VHA逐步开放其患者的电子病历数据，供临床医护人员临床决策使用，以更好地辅助临床医护人员的工作，为患者提供更优质的医疗健康服务。

该系统有以下三大特点。

一是建立了VACHS专网和MDWS（Medical Domain Web Service）服务，系统内所有查询患者电子病历数据的请求都基于统一专网和专用接口进行通信访问，提高了系统的安全性。

二是设置了中央—地方两级数据库架构，以应对不同的数据信息访问需求。VHA设置了中央数据库和本地数据库，前者储存准实时和静态病历数据，后者负责记录实时性病历数据，系统根据访问请求的数据类别判断是从中央数据库还是地方数据库调用患者的电子病历数据。

三是设置了严格的业务数据访问隔离。用户在读取数据时，系统会根据不同需求进行数据访问隔离，严格控制数据访问边界，避免用户窃取非业务相关数据，在保障相关用户可以便捷获取患者信息数据的同时，也保护了患者隐私。

在这种一体化顶层设计和组织实施的架构下，电子病历才初步发挥了预期的作用，基本实现了患者就诊和康复治疗全流程在线留痕。不同的医护站点能够按需检索调用某一就诊者的历史病历、用药情况、检查报告结果等数据，医生做出诊断的参考信息增加了，依据也会更加充分。虽然该系统对 VHA 以外的医疗机构和个人依然是封闭的，但对内已经显示出其巨大的优势。根据该系统曾发布的一项统计数据，应用电子病历系统以来，接种肺炎疫苗的速度成倍提高，而患肺炎住院的人数下降了一半 。

近年来，数据封闭的壁垒已经开始松动。目前 VHA 已经开始和美国另一个示范系统——凯撒永续医疗机构联手共建共用数据库，后者在全美拥有 36 家医疗机构、14000 名医务人员、900 万客户，便于在各自的系统架构上实现部分数据的共享。

我们有理由相信，标准化技术架构将成为大势所趋，即便这一改造意味着大量的成本投入和数据安全管理。未来，在“数字孪生”时代，得益于这种开放式标准架构，我们有可能建立起覆盖个体全生命周期的“生理切片仓库”。这里的“切片”借鉴了目前病理学中的概念，后者更多是从空间维度来讲的，而我们所说的“生理切片”侧重于从时间维度来理解，指的是某个个体一生之中的某个具体时间点其全量的生理数据所构成的数据集，由数据集构成“数字孪生个体”的“生理切片仓库”。

有了这种全量全时数据库，辅以开放式病历数据库，未来医生将能够随需查看过去任意时间就诊者的身体指标，以及当时所服用的药物和经历的诊断，通过大数据分析和 AI 辅助决策，能够综合多种因素来判断当下患者所患疾病的具体诱因，并给出最优的解决方案。同时还能够为健康的人提供保养注意事项，降低甚至消除潜在疾病隐患，从而实现真正意义上的全生命周期健康管理。

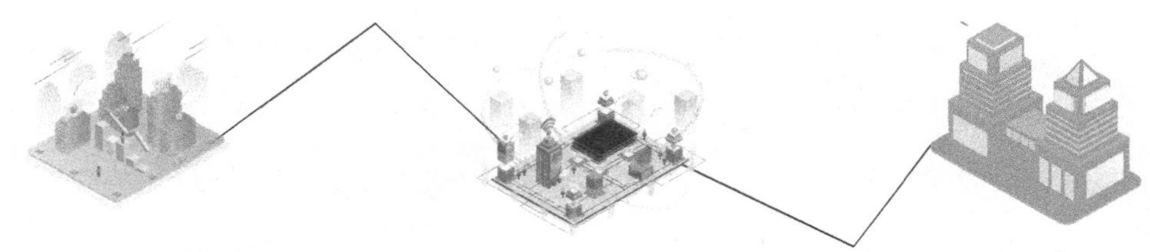

第十六章 Chapter 16 教育服务：促进体验式、实训式、开放式教育变革

18世纪，普鲁士外交家洪堡首次建立了较为完善、服务于工业社会的普鲁士教育体系。对于这一体系的几个关键特征，各位读者一定不会陌生：规定的受教育时间，规定的受教育地点，规定的一对多传教式教授，规定的专业学科和相对固定的课程表。

学生们每天按时进入课堂，按照提前排好的课程表接受被指派教师的教导，即详细朗读书本上的知识点。在这种模式下，知识通过口传心授的方式以固定的节奏分享给每位学生，通过这种批量化、学科化、线性学习的方式，具备相近能力的人力资源源源不断地进入社会。这有点像工业流水线的大规模产品生产加工，一批原材料被送进车间，通过统一的车、铣、刨、磨、钻等一系列流程后，被批量加工出来并流入市场。

上百年过去了，直到今天，这种教育方式和思想依然是全球教育服务体系运行的标准范式。但在如今这样一个信息爆炸式裂变的数字社会，我们的生产工具和产出效率早已超越人类历史上的任何一个时刻。相比之下，知识和技能的传播方式已然落伍，新的知识体系和传播网络已经初现端倪，并且正在快速壮大和蔓延。在此过程中，“数字孪生”发挥着不可或缺的作用。

“数字孪生讲台”让知识字节鲜活跳动起来

教育的本质是知识价值的传播和扩散。过去几百年来，知识传播过程的载体逐渐由语言过渡为纸质媒介，进而演变为今天的互联网网页、多媒体等，传播方式也逐步从“面授机宜”向自主学习方式转变。毫无疑问，这一转变让信息的传播效率发生了质变。但需要正视的是，数字时代，知识体系正在变得越发庞大且碎片化。通过网络，我们获取信息的速度加快了，但信息向知识的转化还隔着一道屏障，那就是理解。

信息通过人体感官进入大脑，通过加工、理解和萃取后，感兴趣的部分才会转化为知识并被储存起来。离开了课堂，离开了老师，我们如何保证信息向知识转化的效率？换言之，面对浩如烟海的信息和数据，没有了老师的口传心授、传道解惑，我们怎样快速理解消化并为自己所用？

人的大脑有将近50%比例的部分与处理视觉信息有关，每次处理过程只需要0.1秒。因此，当信息以图片的方式呈现的时候，与大段文字相比，我们可以更快地了解其含义。数字多媒体教学方式正是利用了这一特点。多媒体形式教学，在传统的文字表达基础上，增加了声音、图形、图像等多种形式，让教学更加可视化，对知识的直观理解就变得简单起来。从这个发展方向来看，未来基于“数字孪生”技术，可能会让“理解”这个关键环节的效率进一步提升，从而让“填鸭式”、被动式接受教育真正转化为理解式教育，使信息转化和知识嫁接更顺畅高效。

在历史课上，老师通过对真实历史过程和重大事件的情境进行“孪生再现”，让学生进入虚拟场景，通过沉浸式体验，获取历史长河中的关键事件、人物、战役、制度、文化等要点特征，有助于加深学生的记忆，使其更快速高效地掌握历史知识。

案例

威尔文教打造现代化VR超感教室

威尔文教打造的“VR超感教室”，如图16-1所示。依托领先的虚拟显示、交互互动等创新技术，实现沉浸式感知、全方位体验的教学模式。通过 VR 眼镜显示系统播放的 3D 视觉内容，实现立体化观看和感知。通过幻境校园多媒体交互系统无线投屏、自定义分屏、体感操控、AI+ 生物识别，真正让知识点“动起来”，使学习不再停留于书面，创新了教育立体化场景的沉浸式感知学习。

图 16-1 威尔文教：VR 超感教室让知识“动起来”

在医学课上，“数字孪生”的优势已经崭露头角。对人体或部分器官进行“数字孪生”，学生们能够对医学病理有更深刻的理解。更进一步，在一些需要实际操作的医学实验中，相比传统的面对一具待解剖的尸体，更高效的虚拟手术台教学模式正在普遍受到重视，因为后者的教学作用更大。通过在数字环境中“孪生”个体器官、局部组织，学生能够通过“玩”的方式，高效学习和掌握如何与病人对话以消除其心理戒备，如何正确走进手术室，如何动刀，如何包扎，如何处理手术意外和突发情况。这种模式的益处显而易见。得益于这一理念和手段，所有环节可能出现的意外不必真的发生在每个真实的病患身上，所有的学生也不必背负巨大的心理压力。

案例

加拿大皇后大学手术模拟器辅助医学教学

加拿大皇后大学建立了750平方米的临床模拟空间，号称“加拿大第一个VR医疗培训机构”。学生们戴上VR眼镜做手术，通过访问平台，学生需要通过执行不同的选项来完成进入医院、进入手术室、执行手术、处理意外情况等一系列工作。虽然过程是完全虚拟的，但是寓教于玩的方式，对学生快速掌握手术全过程的关键知识点大有裨益，教学效果也更好，降低了医学实训的成本和意外风险。

走出教室，我们依然能够看到“数字孪生”在教育中发挥的巨大作用。在工厂车间、实训基地等应用场景中，基于“数字孪生”技术，企业能够对关键设备、产品、加工产线甚至整个车间进行在线模拟仿真，并通过控制器接口连接到实机上，确保把在线配置信息实时传输给“数字孪生”对象，实现同步控制。

在这种模式下，一是便于开展面向新入职员工和学员的培训工作，通过在可视化平台进行实际操作演练，更直观地将装备构造、生产加工流程、机械控制逻辑等内在信息快速传递给培训群体，提升了培训的效率和质量；二是对于企业生产管理、过程控制等实际运行环节，通过虚拟仿真和在线控制，也能大幅降低系统开发和性能优化的成本。

案例

教育行业数字孪生教学实验平台

智参科技推出数字化工厂仿真模型，用于模拟制造业的典型作业环节和场景，例如全自动立体仓库、加工中心、全自动分拣设备、多轴抓取机器人等部分。基于思科的交换机处理数据交互，该模型集成了德国厂商的模型硬件、西门子自动化软硬件组件（NX MCD 机电一体化软件、TIA Portal 门户组件、PLC、SIMATIC S7 产品系统家族等），通过硬件调试和虚拟调试等全方位技术服务，实现实体和虚拟空间的“数字孪生、虚实映射”，为高职院校提供了体系化教学实验平台。IPS 数字化工厂仿真模型如图 16–2 所示。

图 16–2 IPS 数字化工厂仿真模型

“贴身私教”为每个人提供按需定制的知识图谱

随着社会化分工的不断细化，绝大多数工作岗位对就业人员的综合素质要求越来越高。具备健康的体魄和基本的学历成为基础条件，对新入职场的人员往往会提出更高的专业化要求，例如具备专业设计、编程语言、美工功底、文字功底等各种复杂的专业职称证书将优先考虑录用。这种需求导向对当前的高等教育提出了更高的要求，在学生走进社会之前，掌握更加丰富多元的专业知识储备成为当务之急。

解决问题的关键在于我们能否结合社会的需要去多元化、个性化地使用人力资源，但毫无疑问这种模式的成本非常高。在现有的教育模式下，有限的师资力量难以承担这样的责任，于是网络教育、数字教育应运而生。基于互联网的分享经济模式和网络本身的规模化传播复制能力正在快速适配现代社会对人力资源建设的个性化需求。

如今，智能终端已经全面走进课堂，学生倾向于利用互联网查找资料，看微课视频、录音录像，从而充实自己的专业知识；与此同时，学生通过知识分享，为互联网贡献更多元化的专业知识碎片，传统的知识体系在网络空间被多次加工、广泛传播后实现指数级增长，便于更多的人接触和掌握。

这还只是互联网初步应用于教育体系而发生的改变，它对知识加工、知识传播、教育方式等形成了一定的影响；但本质上并未脱离传统的教育模式，在知识转化的过程中，我们依然需要老师为我们解惑答疑，来保障我们在快速接触更多碎片化知识的同时，具备同等的知识转化和消化速度。

值得期待的是，目前的共享型知识网络和平台已经在朝这个方向发展。在网络空间，各种教育平台为我们提供了前所未有的个性化教育服务，每个人都可以按需获取想要的资料和信息，也可以随时抛出不懂的问题来寻求答案，网络成了永久在线、无所不知的老师。按照这个思路，我们可以构想未来教育的形态：基于“数字孪生”理念和技术，为每个人定制

“贴身私教”，提供具有个性化的教育服务。

今天，这种服务模式已经得到广泛应用。大量互联网企业已经在客服系统中引入了人工智能技术，通过算法的认知学习逐步建立固定领域的知识库，从而以虚拟客服的角色为业务咨询者提供专业化解答。这些虚拟客服不仅能够识别语音、文字、图片等信息，还能根据咨询者的表述判断其情绪状态，并做出有针对性的答复调整，从交互体验来看足以“以假乱真”。

未来，随着视频分析、虚拟现实、增强现实、混合现实、人工智能等技术在课堂中的综合应用，教育这一知识转移和嫁接的形态将发生巨大的变化。通过在课堂、家庭、书房甚至智能终端上构建基于网络的“数字孪生”老师，学生能够掌握古今中外不同来源、不同难度的知识体系和学习模型，能够自动升级并完成知识体系更新，具备实时状态监测、需求响应和随时测评的能力，并根据测评结果主动给出教育方案优化建议。

这样一位“虚拟老师”能够深度介入和引导每个不同个体的全生命周期教育活动。从幼儿时期，“孪生老师”相伴成长，掌握学生的基本生理特征、个体性格、心理状态、起居习惯、新事物接受能力等，并据此制定与之适配的个性化教育方案，如图 16-3 所示。

在学习过程中，“虚拟老师”通过对学生的学习效果进行分析，主动调整教育方案以提供最优的个性化辅导。例如，通过可穿戴技术与情感计算模型，“虚拟老师”能够自动抓取学生的腕带、智能手表等可穿戴设备的信息，通过追踪学生的生理体征数据并进行统计分析，实时判断学生注意力、学习情绪、学习压力等的波动情况，掌握学生感兴趣的教育方式；通过摄像头捕捉学生的眼动数据，判断学生的持续性注意力、选择性注意力、转移性注意力、分配性注意力等，发现更适合学生的内容呈现偏好等学习方式。

图 16-3 “虚拟老师”在线教学

第四篇　发展展望

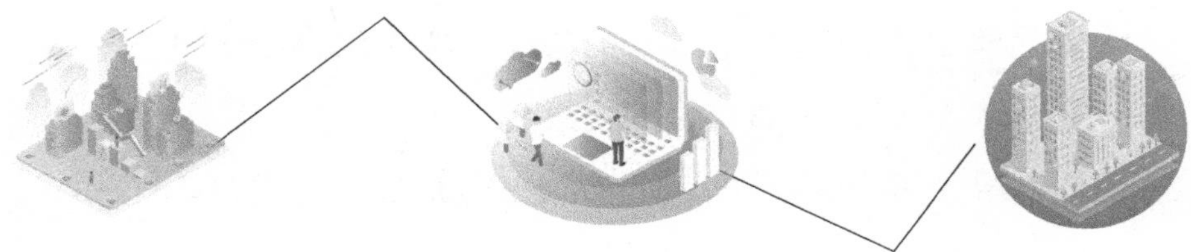

技术突破：构建数字新世界

数字孪生城市是信息技术综合集成、超线性发展的城市愿景与目标，其发展走向与信息科技的快速迭代息息相关。而以人工智能、人机协同交互等为代表的新技术，正定义着未来的孪生城市模样。

交互创新突破，构建个体数字孪生

从社交与生活体验看，未来依托多维空间建模、人机智能协同交互等技术，数字孪生城市将改变、重塑人们的社交生活方式。随着5G技术实现规模化商用，它将进一步实现三维甚至多维的实时交互。随着人机协同的用户界面被广泛普及，不断演进的虚拟现实、增强现实、混合现实设备将成为人们的日常配置。数字孪生城市通过构建高度融合的虚拟世界和现实世界，将使人们体验到与众不同的虚实交融的服务与生活。可以想象，未来你观看球赛或演唱会，不会只在摄像机的位置上远距离观看，而能够在虚拟增强现实的场馆内部360°欣赏。真实人生与虚拟体验将被打通，你或许可以拥有球场上某位球星的视角，与他共同奔跑、过人，真切体验他的感受。高度社会化的人际关系网络将随着网络空间与现实空间的紧密结合被极大地拓展。信息技术的加持让你快速识别、熟悉对方的喜好、身份，社会学意义上的个人社交“邓巴数数”150人的极限也许会被迅速突破。数字孪生城市将为市民提供超越现实的全新感受和选择机会。

从孪生对象看，作为城市文明享有者的人类，也可形成自己的数字孪生体，创造更有想象空间的社交。随着人工智能技术以及数字孪生技术的发展，未来不仅是城市部件、物件、运行状态等形成了数字孪生镜像，可进行虚实交互，同时，凭借数字孪生技术，我们也可根据自然人的形象及个体数据，创建和原始主人一样的虚拟智能形象（Personal AI，PAI）。这个虚拟智能形象可以不断学习、升级、自我管理，能够代替原始主人做很多事情，同时也在数字孪生城市中与其他数字实体进行更多维度、更丰富的交互。

我们不仅能够展示一个与我们相似的智能身份，还能操控远端的“虚拟自己”或“实体化身”，让我们足不出户地为自己服务。可以想象，未来你在北京，要去美国洛杉矶办理一项紧急的公务，假如该任务在数字世界中可认证可办理，则可直接通过数据与信息的生命化拟态，构建一个自己的虚拟智能形象（PAI），在洛杉矶的数字孪生城市中办理业务即可。假如必须要线下认证或当面办理，则可以通过一家“出租化身”服务的公司，在洛杉矶租用一个人形机器人，授权机器人并操控它办理业务。这个机器人可以与人握手，可以在白板上写字，可以代替我们从事复杂或危险的活动。“实体化身”周围的人们，只要戴上增强现实设备，就如同与我们现场交互、并肩工作一样。

分布智能涌现，或将诞生超级智能

从城市的整体发展来看，短期内尚不会出现超级智能，但长远看，可能存在技术奇点，形成城市级超级智能。当物联网及感知设施触及城市的每个角落，当基于人工智能技术的机器智能计算水平超过人类的认知，就可能形成城市级的超级智能。只不过，当前人工智能技术依然处于蹒跚学步阶段，基于图灵机原理的现代计算范式，注定机器无法解决世界上所有复杂的计算问题，只能在可计算空间内，基于一定规则解决有限步骤可停机的计算。影视剧里的那种具有自主意识的超级人工智能短期内不会出现。

长期来看，也许未来人类的计算范式将突破当前基于图灵机原理的冯·诺依曼架构；而伴随软硬件性能的指数级提升，人类社会的智能奇点可能不期而至，届时可能出现的超级智能将为人类社会的生产、生活带来重大变革，人类将追求更有创造力的自我价值实现，人类的单体价值创造将达到前所未有的高度。超级智能发展预测如图 17-1 所示。

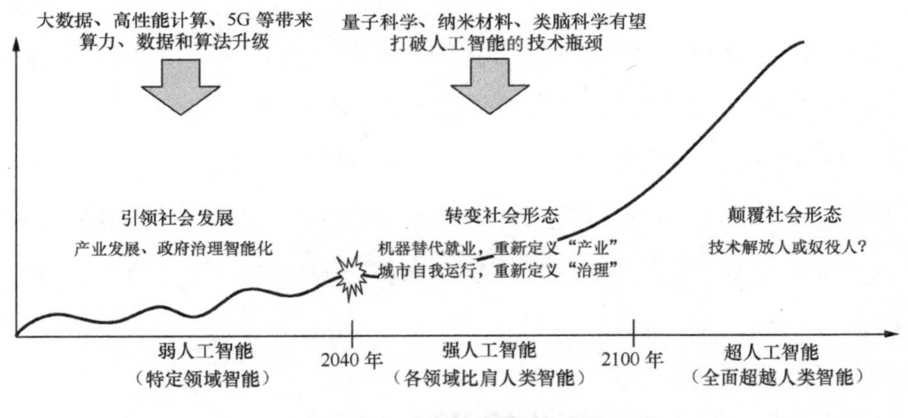

图 17-1　超级智能发展预测

孪生互联互通，构建人类数字命运共同体

数字孪生城市将从局部扩展到世界。数字孪生从产品孪生到个体孪生再到组织孪生，目前已经进入数字孪生城市阶段。当大多数城市成为数字孪生城市，这些数字城市之间也将如实体城市一样，走向区域协同

的数字孪生城市群。数字孪生城市群将实现更大范围的优势互补和更高效率的资源调度。

未来国家的运行管理也将实现数字孪生，人类社会将形成数字孪生世界。数字孪生城市群的未来将走向数字孪生国家，整个国家的经济、政治、社会、文化、生态等国家运行管理的全部活动，都将在数字世界实时展现，形成数字孪生国家。国家之间的外交、军事等活动也将在数字世界全部留痕，世界变成了“鸡犬之声相闻”的地球村，相隔万里的人们不再“老死不相往来”。数字孪生不仅引领社会生产新变革，创造了人类的生活新空间，而且拓展了国家治理新领域，极大地提高了人类的认识水平以及认识世界、改造世界的能力。世界各国共同搭乘互联网和数字经济发展的快车，共建网络空间命运共同体，实现数字孪生世界。

组织再造：重塑组织新形态

随着全球市场的多元化、差异性特征日益凸显和不确定性因素的加剧，政府和企业将面临更加复杂多变的环境。政府和企业为了提供更多个性化、差异化的产品和服务，需要更灵活的政府治理和生产方式。数字孪生城市不仅将改变个人，也将重塑政府和企业的组织形态。

政府：超级大部制，围绕数据的组织变革

数字孪生城市推动城市管理从“网格化”向“去网格化”演进。当前，的城市精细化管理主要依托网格化管理，部分城市在推动“综合网格管理员”模式。但在数字孪生城市下，强大的技术能力造就了空、天、地一体化的感知监测体系、泛在高速互联的网络体系，以及后台大数据、人工智能超强计算平台体系，能够无障碍打通城市的前后端，使城市运营管理中心在运筹帷幄之中，通过全域立体感知决胜千里之外，形成自动感知、快速反应、科学决策、自动处置、全程监督等全市“一盘棋”高度自治、高效协同的城市去网格化管理。

市民数据将成为城市运行管理的重要数据源。在数字孪生城市中，城市的一切变化可实时感知，城市的所有异常可实时预警，任何人、任何设备均可参与到城市治理中来。市民在互联网平台的网络行为、广覆盖的智能摄像头、全域的传感器设备均可参与城市的运行管理，成为发现城市治理问题的重要数据源。

数字孪生城市即将带来政府流程再造和结构重组。数字孪生城市的到来使政府管理的对象不再局限于物理空间，实现了物理空间和数字空间的一体化管理。通过数字镜像，可以在线重构政府跨部门的数据流和业务流，

进而推动物理世界的业务流程优化和组织结构变革。未来政府将打破现有的垂直部门结构，形成数据驱动、机构整合、业务协同的超级大部制。例如，雄安新区改变了传统地区数十个机构的结构，仅设置了 7 个部门：一个部门管协调，即党政办公室；一个部门管党务、人事、群众工作，即党群工作部；一个部门管经济，即改革发展局；一个部门管规划建设，即规划建设局；一个部门管社会事务、政务服务，即公共服务局；一个部门管执法，即综合执法局；一个部门管安全，即安全监管局。市民通过安装感知设施或 App 参与城市管理，如图 18-1 所示。

图片来源：国际物联网论坛（IoT Week）会议材料

图 18-1　市民通过安装感知设施或 App 参与城市管理

企业："小前端+大后端"成为主要的组织形式

基于数字孪生的个性化虚拟制造方式出现。在数字孪生模式下，不仅城市运行可以实现虚实并存，企业生产同样可以实现虚实融合。顾客提出对产品的样式、功能、材料等个性化要求，企业根据要求进行虚拟设计、加工、制造，通过虚拟制造，告别过去传统的批量化生产模式，实现产品的定制化与个性化，从而提供适销对路的产品，既拉近了企业与顾客之间的距离，又能避免企业积压库存，从而降低企业的运营成本。

生产者与消费者的连接方式从串联变为并联。传统生产方式是大规模生产，生产过程从需求预测、产品研发设计到生产制造、销售，最终到达消费者。在此过程中，生产者和消费者的连接方式为串联方式，消费者出现在需求预测阶段，之后是以生产者为主导的研发设计、生产制造和销售配送环节，产品到达消费者后是消费者的使用阶段。生产者是传统生产方式的主导者，重点是通过自动化生产设备提高物理世界的效率和质量，降低成本。随着数字孪生城市的建立，产品从设计到生产的全过程在数字化世界有一个镜像，消费者可以通过网络便捷地加入产品数字镜像的研发设计过程，并将研发设计结果反馈到物理世界；在产品生产阶段，消费者可以通过数字镜像的生产过程，对物理实体的生产过程进行实时、全景的观测。生产者和消费者同时参与生产过程的每个环节，打破了原有的串联关系，形成并联关系。生产者和消费者之间的界限逐渐模糊，甚至在数字内容、能源等领域产生一批生产型消费者，他们同时承担着生产者和消费者这两种角色，改变了固有的大规模生产模式。

平台式就业成为主要的组织形式。生产者和消费者关系的变化为企业组织带来了一系列转变。随着互联网技术的发展，企业之间的网络化协同已成为常态，各类专业化公司通过网络实现协作。未来线上协同的工作形式将反馈到物理世界，打破现有的企业组织形式，重构产业的组织形态。目前已出现一些创新的组织形式，如企业内部创业、平台式就业、U 盘式就业等。平台式就业将逐步成为趋势，平台作为产业核心，聚集上下游合作者。

“小前端 + 大后端”组织形式逐步形成。未来的数字孪生时代将形成“小前端 + 大后端”的组织形式，如图 18-2 所示。产业生态的主导企业建立平台，作为“大后端”为前端业务提供计算设施、技术支撑、数据资源和工具组件，前端业务由更加专业、更加灵活的小型组织或个人来提供。

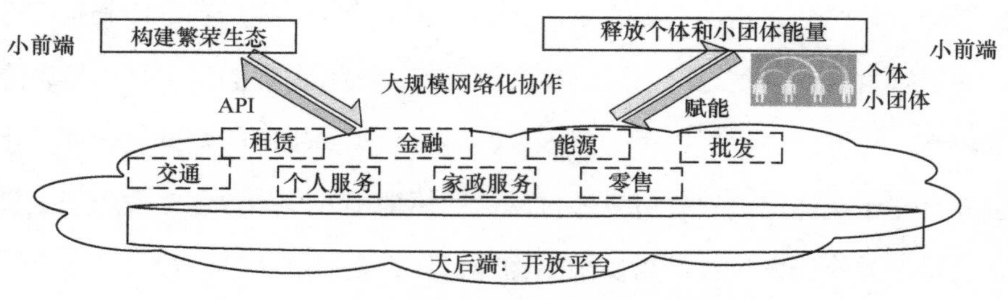

图 18-2 “小前端 + 大后端”的组织形式

大批闲置劳动力从兼职逐步转为专职，形成一批基于平台的就业者。不同于传统企业岗位，平台式就业没有企业管理者，就业者遵守平台规则，以用户评价为绩效目标，实行自我管理。平台式就业者可以决定自己的工作时间，实现灵活就业，打破 8 小时工作制。2020 年，美国的自由职业者可能达到就业人口的 40%。未来 20 年，50% 的劳动力将通过网络实现自我雇佣和自由就业。

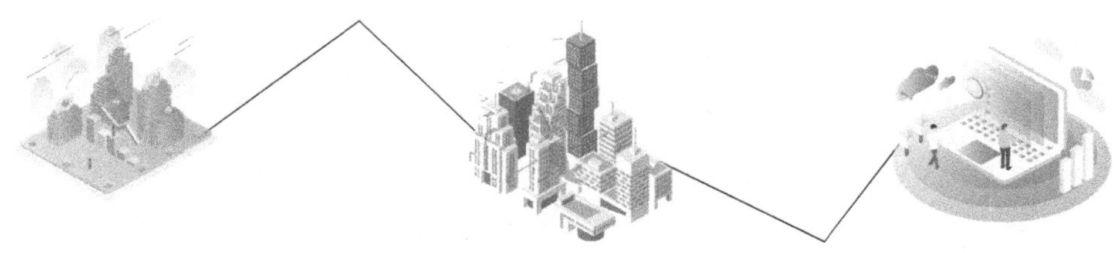

个体重塑：催生服务新体验

数字孪生城市将为每个生活在城市中的人带来巨大的变化。万物互联、类脑科学等可以准确记录个体的生命体征、行为活动甚至思维活动，实现个体生命全过程的数字化。基于数据分析和人工智能实现个体行为的可分析、可预测，并利用数据分析和预测结果为每个人提供定制化、预测性的服务，实现物理世界的个体和虚拟世界的数字孪生体的精确映射及虚实交互。这些变化必将引发新的需求，催生新的服务体验。

体验为王：量身定制专属服务

数字孪生城市将带来精细社会。数字孪生城市将当前以同类群体为服务对象的颗粒度细化为以个体为服务对象的颗粒度，形成精细社会。数字孪生城市使个体的行为轨迹都被精准映射，形成每个人的大数据集，通过数据的分析与挖掘可得到每个人的个性化信息，如消费偏好、生活习惯，甚至审美观、价值取向等。

数字孪生城市可以实现量身定制的专属服务。企业基于数字孪生城市信息，充分了解用户的个性化需求，为每个人定制符合其特性的专属服务。例如，酒店能够在客人入住前获取其对室温、光亮、水温、饮食等的偏好，提前做好相应的准备，为客人带来更舒适的入住体验；出行时可以根据用户的常用路线、出行方式、交通情况、天气情况等进行规划，并实时显示前方路段的拥堵情况和天气情况。

数据“读心术”：满足潜在需求

数字孪生城市实现基于行为监测的行为预测。数字孪生城市将全面采集城市居民的日常出行轨迹、收入水平、家庭结构、日常消费、生活习惯等，洞察并提取居民的行为特征，在“数字空间”上预测人口结构和迁徙轨迹，推演未来的设施布局，评估商业项目的影响……例如，已经有研究机构采集社区空间数据、居民 LBS 数据，进行基于时空行为的社区生活圈分析，得到居民画像，进行商业资源优化配置、社区空间规划、网络舆情管理等。

数字孪生城市使思维跟踪成为可能。除了身体行为轨迹的监测，一些技术手段可以实现人的思维跟踪。例如，海豹突击队建设头脑体操馆，通过用脑电图大脑监控器（图 19–1）、医用级心脏连接设备、运动追踪健康站点等设备，实现队员身体和思维全程跟踪和数字化。未来，数字孪生城市可以通过个人大数据分析、数字空间模拟推演，发现用户自己尚未察觉的潜在需求，并以智能人机交互、网络主页提醒、智能服务推送等形式，为用户提供政务、教育文化、诊疗健康、交通出行等主动性、预测性服务。

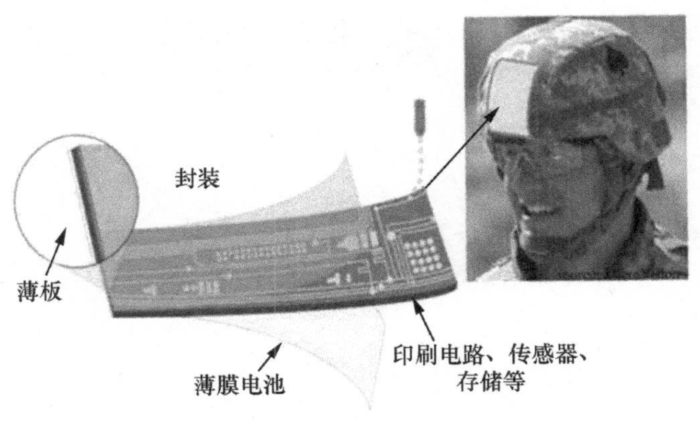

图 19–1　脑电图大脑监控器

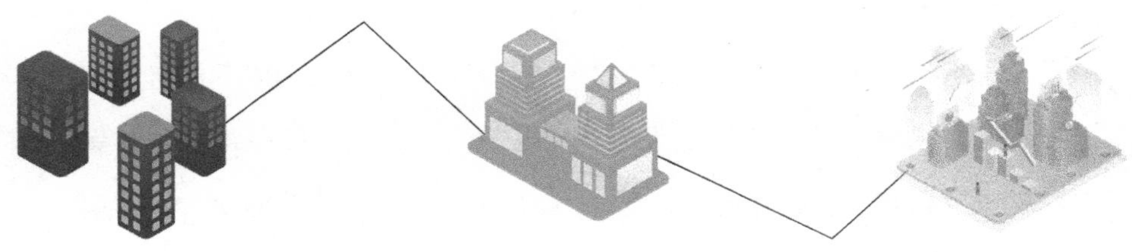

未来发展：挑战与机遇并存

正视面临的挑战

数字孪生城市需要系统的基础理论学科的研究，如城市全要素建模方法、空间语义数据表达、全域的数字化标识规则、全域传感器的空间布设规则、城市多功能信息杆柱的设置规范、感知数据的采集规则与使用权限、城市边缘计算和信息节点的设置规范、边缘计算设备与物联网以及云计算的关系等。另外，业界在动态信息的处理方面仍缺乏足够的经验，如城市事件如何在数字模型中实现语义化表达，政府和社会数据如何在城市信息模型中展现，如何界定数据、软件和模型三者的关系，如何体现数字孪生模式下城市管理和服务的优势，如何根据静态和动态数据进行决策的仿真优化等。此外，“由虚控实”实现城市智能控制的软硬件系统更是前所未有，缺乏研究。

数字孪生城市缺乏系统的建设方案，核心技术亟待深入探索。数字孪生城市几乎囊括了迄今为止所有的信息科技，是一种前所未有的技术集成创新。不仅要理解并体现非精确、模糊化的物理城市的治理规则和运行机制，还要具备对物理城市的模拟、监控、诊断、预测和控制 5 个方面的能力。

第一个层次是模拟，即建立物理对象的虚拟映射。鉴于城市的复杂性和要素的多样性，其全量模拟的技术和标准还需深入探索。

第二个层次是监控，即在虚拟模型中反映物理对象的变化。物理对象数据的收集与传递离不开物联网，其编码、寻址、标准、安全等问题还有待解决。

第三个层次是诊断。当城市发生异常，基于人工智能的多维数据复杂处理与异常分析，我国与发达国家相比仍存在差距。

第四个层次是预测，即预测潜在风险，合理有效规划城市或对城市设备进行维护。城市预测需要众多技术融合集约，在灵活性和适应性方面存在巨大的挑战。

第五个层次是控制。需要庞大复杂的软硬件系统支撑，尤其是通过软件实现对城市管理与服务的赋能与设施控制。

分领域优先落地

从数字孪生城市的基本特征看，**在数字化水平相对较高、需要运行机理建模、实现虚实空间协同优化、彰显多维智能决策支撑等方面，数字孪生城市必将发挥更重要的作用。**同时考虑建设的难易程度，遵循局部突破、示范带动、有序建设的原则，数字孪生城市建设可优先考虑城市规划、建筑、交通、能源四大领域。

一是推进智能规划建设。通过数字孪生城市模型，三维可视化展示城市环境温度变化、水势变化、空气动力变化、雾霾分布情况等，为城市管理提供决策依据；通过模拟仿真、动态评估、深度学习城市规划方案对未来城市带来的影响，保证在规划城市楼宇、绿地、公路、桥梁、公共设施等每寸土地时，实现经济效益的最大化。

二是开展基于BIM的智能建筑建设。推进“规、建、管”一体化建设，在建设过程中，赋予城市“一砖一瓦”的数据属性，与物理空间同步建设数字孪生城市。建成后的数字孪生城市可实时呈现建筑物的内景细节，类似于工业领域的数字孪生体，可远程调控、远程维护，实现虚拟控制现实。

此外，在水利、国土、环保等其他与基础设施空间相关的领域同步开展落地建设。

三是推进智能交通建设。通过数字孪生城市，可以对城市交通流量实时监控和分析计算，基于人工智能算法预测交通流量变化，智能导引车流，智能调节交通信号灯，缩短车辆等待时间，优化城市道路网络的交通流量；实时显示汽车定位位置周边的车位信息，针对智能停车场和智能网络汽车，可率先实现智能泊车。

四是建设智能能源体系。通过数字孪生城市可仿真城市太阳能光伏发电量，自我优化城市能源供给结构、供给方式、供给量等，有利于实现发电与用电的最优匹配；数字孪生城市三维呈现实时能耗数据，智能发现能源浪费现象，制定能源梯度利用方案，降低城市总体能耗。

分步骤务实推进

从整体布局看，数字孪生城市建设要加强基础理论与关键技术的研究，同时要联合全国相关领域的优势，创新团队和“产、学、研、用”等多方主体，聚焦数字孪生城市中的共性、难点问题，统筹基础研究、共性关键技术研发、典型应用等环节与任务的衔接，集中力量，联合攻关。

从城市层面看，数字孪生城市建设不可一蹴而就，要循序渐进，稳步推进。

第一阶段，“打基础”。建设能够精准映射实体城市的数字基础设施，实现城市建设“由实入虚”。在城市的天空、地面、地下、河道等各层面广泛部署物联网感知设施，利用二维码、RFID、3D GIS、北斗卫星定位等技术手段，实现对实体世界的人、物、事件等要素的数字化；建设物联网（传感网）、通信网（宽带、移动和无线）及承载平台，通过对象识别、数据采集、数据传输、数据存储、数据处理，在城市建设之初同步形成与实体城市"孪生"的数字城市。

第二阶段，"建模型"。构建基于"虚拟城市"的数字化模型，实现"规、建、管"一体化。利用 GIS、BIM、3D GIS 等技术，构建统一的城市信息模型，打通规划、建设、管理的数据壁垒，将规划设计、建设管理、竣工移交、市政管理进行有机融合，将城市规划数据、建筑数据、物联感知的数据、政务业务的数据、城市运行的数据，全部实时准确地加载到城市数字化模型上，形成关于城市运行的全面影像，为城市的可视化智能化管理创造条件。

第三阶段，"强应用"。"由虚入实，虚实结合"，实现智能化控制。通过对城市运行状态的充分感知、动态监测，形成虚拟城市在信息维度上对实体城市的精准信息表达和映射；通过软件定义，实现城市的赋能、决策的仿真和指令的执行，进而逐步拓展应用范围，实现由城市规划和管理向城市服务方面扩展，通过服务场景、服务对象、服务内容等方面的数字孪生系统构建，引发服务模式向虚实结合、情景交融、个性化、主动化的方向加速转变。

分类别有序引导

1. 绿地型（Green Field）新建城区的建设路径

零起步城市主要是新城、新区，包括国家级新区、开发区、高新区等，这类城市没有各自为政的信息孤岛壁垒和业务协同的屏障，城市中的数据、业务便于集成和融合，能够快速实现数据的交换共享和业务协同。因此，零起步城市应坚持高起点、高标准、高水平的原则，与实体城市同步规划、同步建设数字城市，孪生并行。

首先，在实体城市建设过程中，同步部署天、空、地一体的物联网感知设施、物联网（传感网）、通信网（宽带、移动和无线）、承载平台等，实现城市的数字化。其次，充分利用BIM和3D GIS、物联网、智能化等先进信息技术，构建统一的城市信息模型，实现城市可视化建模，并贯穿规划、建设与管理的全过程，达到全要素、全方位的数字化、网络化和智能化的效果。最后，结合城市特点及发展需求，率先在部分重点领域进行突破。

2. 棕地型（Brown Field）已建城市的建设路径

已建成的城市有一定的基础，如已建成物联网、互联网、城市服务平台等基础设施和应用系统，一般存在信息孤岛或业务协同屏障。因此，已建成城市应坚持资源整合、夯实基础、重点突破的原则，在原有基础之上，按照数字孪生城市建设的要求进行补充、完善。

首先，把提升基础设施水平放在突出位置，结合应用需求及城市发展特点，推动网络和传感节点部署，建立新型城域物联专网，实现城市运行的透彻感知及数据的共享，逐步构建虚拟城市。其次，以信息共享、互联互通为重点，利用BIM、3D GIS、云计算、大数据、物联网、智能化等先进信息技术，构建统一的城市信息模型，实现城市可视建模，推进数据资源整合和开放共享，打通规划、建设、管理的数据壁垒，改变传统模式下规划、建设、城市管理脱节的状况，实现“规、建、管”一体化和有机融合。最后，逐步拓展数字孪生应用，实现对城市运行状态的充分感知、动态监测和智能管控。

名词附表

序号	名词	解释
1	3G	3th generation mobile networks / 3th generation wireless systems（第三代移动通信网络）
2	4G	4th generation mobile networks / 4th generation wireless systems（第四代移动通信网络）
3	5G	5th generation mobile networks / 5th generation wireless systems（第五代移动通信网络）
4	6G	6th generation mobile networks / 6th generation wireless systems（第六代移动通信网络）
5	AI	Artificial Intelligence（人工智能）
6	AR	Augmented Reality（增强现实技术）
7	BIM	Building Information Modeling（建筑信息模型）
8	CIM	City Information Modeling（城市信息模型）
9	DLG	Digital Line Graphic（数字划线地图）
10	eMTC	Enhanced Machine Type Communication（物联网的应用场景）
11	eSIM	Embedded-SIM（嵌入式SIM卡）
12	ETC	Electronic Toll Collection（电子不停车收费系统）
13	GIS	Geographic Information System（地理信息系统）
14	GPS	Global Positioning System（全球定位系统）
15	HTTP	Hyper Text Transfer Protocol（超文本传输协议）
16	IBM	International Business Machines Corporation（国际商业机器公司）
17	IDC	Internet Data Center（互联网数据中心）
18	IMSI	International Mobile Subscriber Identification Number（国际移动用户识别码）
19	IOC	Intelligent Operation Center（智能操作中心）
20	IPv4	Internet Protocol version 4（网络协议版本4）
21	IPv6	Internet Protocol version 6（网络协议版本6）
22	LBS	Location Based Service（基于移动位置的服务）

续表

序号	名词	解释
23	LED	Light Emitting Diode（发光二极管）
24	LoRa	Long Range（一种低功耗局域网无线标准）
25	MaaS	Manufacturing as a Service（制造即服务）
26	MR	Mix Reality（混合现实技术）
27	NB-IoT	Narrow Band Internet of Things（窄带物联网）
28	PaaS	Platform as a Service（平台即服务）
29	PPP	Public-Private Partnership（公私合作）
30	RFID	Radio Frequency Identification（射频识别）
31	SaaS	Software as a Service（软件即服务）
32	SOA	Start Of Address（初始地址）
33	TSP	Traffic Signal Priority（交通信号灯优先级）
34	UFO	Unidentified Flying Object（不明飞行物）
35	VR	Virtual Reality（虚拟现实技术）
36	WLAN	Wireless Local Area Network（无线本地局域网）